JN233042

JPEG・MPEG完全理解

工学博士 半谷精一郎
博士(工学) 杉山賢二 共著

コロナ社

まえがき

　人間の五感に訴えかける情報の中で，視覚情報ほど影響力の大きなものはない。そのため，視覚情報を少ない情報量で蓄積，伝送することは永年の夢であり，多くの研究者によって研究が行われ，現在の標準化に寄与してきた。特に，静止画像の符号化方式であるJPEGの検討が開始された1986年からはそのペースが加速され，いまやコンピュータ上で見る静止画像や動画像はもちろんのこと，映画制作の現場，次世代テレビジョン放送，テレビ会議システム，ディジタルカメラ，ディジタルビデオカメラ，ディジタルビデオレコーダ，携帯電話といったさまざまな場面や機器の内部で，画像の符号化あるいは復号化が日常的に行われている。

　画像の符号化技術であるJPEGとMPEGに関する著書は多数存在するが，基礎から実装までを丁寧に解説したものが見あたらない。しかし，教育現場や研究現場では初心者向けの話とともに具体的なデータや実例を盛り込まれた本が必要とされていた。また，最終的な画像の受け手である人間が感じる画質に言及しないと，技術者としての視点しか持たない機器やシステムが作られてしまう恐れがあり，主観評価尺度と客観評価尺度に関する知識も最低限含んでいることが必要と考えていた。

　こうした中，教科書を執筆させて頂く機会を与えられ，1冊の中で，画像信号の基本的な扱い方から，現在利用されている画像符号化の規格であるJPEG，JPEG 2000，MPEG-2，MPEG-4の詳細を述べ，そして画質に関する基礎概念をまとめようと考え，半谷が画像に関する基本的な事項とJPEG，JPEG 2000，画質部分を，杉山がMPEGに関連するすべての部分を執筆することとした。内容的には，大学3年生以上をターゲットにすることで，20年間にわたって進化してきた画像符号化技術を実用書に近い形でまとめることにした。ただし，難解なために興味を失うことがないように，所々で詳細な説明も含めている。

本書が，画像の信号処理を学ぼうとする学生諸君の入門書となり，また，画像の符号化ならびに復号化にかかわる技術者の方々の実用書となることを切に願う次第である。平易に解説するように努めたが，難解な記述があるとすれば，それは著者らの浅学非才のためであり，ご叱責頂ければ幸甚である。

2005 年 7 月

著者らしるす

目　　　次

1. 画像符号化の基礎

1.1 絵から画像へ ……………………………………………… 1
1.2 画像データ ………………………………………………… 3
1.3 空間周波数と時空間周波数 ……………………………… 4
1.4 色信号と色度図 …………………………………………… 7
1.5 画像の持つ平均情報量 …………………………………… 11
1.6 ハフマン符号化による情報量の削減 …………………… 14
演習問題 ………………………………………………………… 15

2. 静止画像の性質と JPEG・JPEG 2000

2.1 さまざまな静止画像の性質 ……………………………… 17
2.2 JPEG と JPEG 2000 ……………………………………… 19
2.3 JPEG 符号化技術 ………………………………………… 20
　2.3.1 ブロック分割と2次元 DCT 変換 ………………… 21
　2.3.2 2次元 DCT 係数の量子化 ………………………… 23
　2.3.3 ハフマン符号化 ……………………………………… 24
　2.3.4 復号化の過程 ………………………………………… 27
2.4 JPEG 2000 符号化技術 …………………………………… 28
　2.4.1 DC レベルシフト …………………………………… 29
　2.4.2 コンポーネント変換 ………………………………… 29
　2.4.3 コンポーネント信号の標本化とタイリング ……… 30
　2.4.4 ウェーブレット変換と量子化 ……………………… 31
　2.4.5 EBCOT によるエンベデッド符号化 ……………… 35
　2.4.6 ROI の考え方 ………………………………………… 43
　2.4.7 復号過程 ……………………………………………… 43

演習問題 ……………………………………………………………… 45

3. 動画像信号規格と符号化概要

3.1 動画像信号 …………………………………………………………… 46
　3.1.1 概　　　要 ………………………………………………………… 46
　3.1.2 インターレース走査とプログレッシブ走査 …………………… 48
　3.1.3 コンポジット信号とコンポーネント信号 ……………………… 50
　3.1.4 動画像の撮像・形成 ……………………………………………… 51
　3.1.5 動画像の表示 ……………………………………………………… 54
3.2 ディジタル動画像フォーマット …………………………………… 56
　3.2.1 規格フォーマットの経緯と概要 ………………………………… 56
　3.2.2 民生機器でのフォーマット ……………………………………… 56
　3.2.3 符号化用サブフォーマット ……………………………………… 57
　3.2.4 有効画像部分と同期信号部分 …………………………………… 57
　3.2.5 輝度色差信号形成（4：2：2と4：2：0） ……………………… 58
　3.2.6 動画像の記録 ……………………………………………………… 60
3.3 動画像フォーマットの変換 ………………………………………… 61
　3.3.1 変換処理構成 ……………………………………………………… 61
　3.3.2 リサンプリング（画素数・ライン数変換） …………………… 62
　3.3.3 走査構造変換 ……………………………………………………… 64
　3.3.4 画像レート変換 …………………………………………………… 65
　3.3.5 画像アスペクト比変換 …………………………………………… 66
3.4 動画像の符号化 ……………………………………………………… 67
　3.4.1 動画像符号化の処理構成 ………………………………………… 67
　3.4.2 動き補償画像間予測 ……………………………………………… 69
　3.4.3 動 き 推 定 ………………………………………………………… 71
　3.4.4 予測残差信号の符号化 …………………………………………… 73
3.5 動画像符号化規格 …………………………………………………… 74
　3.5.1 動画像符号化の標準化 …………………………………………… 74
　3.5.2 標準方式の技術概要 ……………………………………………… 75
　3.5.3 標準方式の応用 …………………………………………………… 76
　3.5.4 動画像フレーム内符号化方式 …………………………………… 76

演 習 問 題 ·· 78

4．MPEG-2

4.1 規 格 概 要 ·· 79
 4.1.1 規 格 の 経 緯 ·· 79
 4.1.2 規 格 の 構 成 ·· 80
 4.1.3 Profile と応用 ·· 80
 4.1.4 Level と画像フォーマット ·· 81
 4.1.5 応用規格における制約 ·· 82
4.2 Main Profile 符号化処理 ·· 83
 4.2.1 処 理 概 要 ·· 83
 4.2.2 階層構造と符号同期 ·· 84
 4.2.3 Picture 予測構造 ··· 88
 4.2.4 Macroblock タイプと適応予測 ··· 91
 4.2.5 インターレース走査での動き補償タイプ ··· 93
 4.2.6 DCT ·· 95
 4.2.7 量 子 化 ·· 96
 4.2.8 可変長符号化 ·· 98
4.3 Main Profile 以外の技術 ·· 101
 4.3.1 SNR Scalable Profile ·· 102
 4.3.2 Spatial Scalable Profile ·· 102
 4.3.3 4：2：2 Profile ·· 103
演 習 問 題 ·· 104

5．MPEG-4

5.1 規 格 概 要 ·· 105
 5.1.1 規 格 の 経 緯 ·· 105
 5.1.2 規 格 の 構 成 ·· 105
 5.1.3 Profile と応用 ·· 106
 5.1.4 Level と画像フォーマット ·· 108
5.2 MPEG-4 の基本符号化処理 ·· 109

5.2.1　MPEG-4 符号化の概要 …………………………………… *109*
　5.2.2　MPEG-4 の Intra 符号化 ……………………………… *110*
　5.2.3　MPEG-4 の画像間予測 ………………………………… *111*
　5.2.4　MPEG-4 の DCT および量子化 ……………………… *112*
　5.2.5　MPEG-4 の可変長符号化 ……………………………… *113*
　5.2.6　Error Resilient ……………………………………………… *114*
5.3　Profile 別の符号化処理 ………………………………………… *115*
　5.3.1　Core Profile …………………………………………………… *115*
　5.3.2　Main Profile …………………………………………………… *117*
　5.3.3　Advanced Simple …………………………………………… *117*
　5.3.4　Studio Profile ………………………………………………… *119*
演　習　問　題 ………………………………………………………………… *121*

6. MPEG-4 AVC (H.264) /VC-1

6.1　MPEG-4 AVC (H.264) 規格概要 …………………………… *122*
　6.1.1　規格の経緯 ……………………………………………………… *122*
　6.1.2　規格の構成 ……………………………………………………… *122*
6.2　Basic (Profile 共通) 符号化処理 …………………………… *124*
　6.2.1　処理概要 ………………………………………………………… *124*
　6.2.2　Slice 構造 ……………………………………………………… *125*
　6.2.3　画像内 (Intra) 予測 ……………………………………… *125*
　6.2.4　画像間予測 ……………………………………………………… *127*
　6.2.5　DCT と量子化 ………………………………………………… *129*
　6.2.6　VLC ……………………………………………………………… *131*
6.3　Profile 共通以外の処理 ………………………………………… *132*
　6.3.1　画像間予測 ……………………………………………………… *132*
　6.3.2　DCT および量子化 ………………………………………… *135*
　6.3.3　可変長符号化 …………………………………………………… *135*
　6.3.4　符号誤り対応機能 …………………………………………… *135*
6.4　SMPTE VC-1 規格概要 ………………………………………… *136*
　6.4.1　規格経緯 ………………………………………………………… *136*
　6.4.2　Profile と応用 ………………………………………………… *137*

6.4.3　Levelと対応画像 …………………………………………… 137
6.5　Simple Profile（全Profile共通）の処理 ………………………… 138
　6.5.1　動き補償 ……………………………………………………… 138
　6.5.2　DCTおよび量子化 …………………………………………… 139
　6.5.3　可変長符号化 ………………………………………………… 140
6.6　Simple Profile以外の処理概要 …………………………………… 141
　6.6.1　Main Profile …………………………………………………… 141
　6.6.2　Advanced Profile ……………………………………………… 142
演　習　問　題 ………………………………………………………… 143

7.　MPEG符号化制御

7.1　ビットレート制御 ………………………………………………… 144
　7.1.1　必要ビットレートと制御方法 ……………………………… 144
　7.1.2　画像フォーマットと必要ビットレート …………………… 145
　7.1.3　固定ビットレート制御 ……………………………………… 147
　7.1.4　可変ビットレート …………………………………………… 151
7.2　符号化効率の改善 ………………………………………………… 153
　7.2.1　動き補償予測の最適化 ……………………………………… 153
　7.2.2　量　子　化 …………………………………………………… 157
　7.2.3　符号化前後処理 ……………………………………………… 159
7.3　画像の切替・編集 ………………………………………………… 160
　7.3.1　ビットストリーム切替 ……………………………………… 161
　7.3.2　画　像　編　集 ……………………………………………… 162
7.4　特　殊　再　生 …………………………………………………… 163
　7.4.1　特殊再生の実現 ……………………………………………… 163
　7.4.2　高速画像サーチ ……………………………………………… 164
　7.4.3　2倍（1.5倍）速再生 ………………………………………… 165
　7.4.4　逆　方　向　再　生 ………………………………………… 165
　7.4.5　インターレース走査での問題点 …………………………… 165
　7.4.6　特殊再生用符号化 …………………………………………… 166
7.5　再符号化（Trans-coding） ………………………………………… 167
　7.5.1　同一方式で再符号化 ………………………………………… 168

7.5.2 異なった符号化方式への変換符号化 ……………………………………… *170*
7.5.3 異なった画像フォーマットへの変換符号化 …………………………… *171*
演 習 問 題 ……………………………………………………………………………… *172*

8. 画質評価技術

8.1 画質劣化要因 ………………………………………………………………………… *173*
　8.1.1 折返し歪み ……………………………………………………………………… *173*
　8.1.2 アパーチャ効果 ………………………………………………………………… *175*
　8.1.3 偽　輪　郭 ……………………………………………………………………… *176*
　8.1.4 粒 状 雑 音 ……………………………………………………………………… *176*
　8.1.5 勾配過負荷雑音 ………………………………………………………………… *177*
　8.1.6 エッジビジネス ………………………………………………………………… *178*
　8.1.7 ブロック歪み …………………………………………………………………… *178*
　8.1.8 モスキート雑音 ………………………………………………………………… *179*
　8.1.9 解像度低下 ……………………………………………………………………… *179*
　8.1.10 ジャーキネス …………………………………………………………………… *180*
　8.1.11 破　　　綻 ……………………………………………………………………… *180*
8.2 客観評価方法 ………………………………………………………………………… *181*
　8.2.1 視覚の空間周波数特性 ………………………………………………………… *181*
　8.2.2 視覚のマスキング特性 ………………………………………………………… *182*
　8.2.3 局所的な明るさに対する視覚特性 …………………………………………… *183*
　8.2.4 注視点に対する重み付け ……………………………………………………… *184*
8.3 主観評価方法 ………………………………………………………………………… *185*
　8.3.1 標準観視条件 …………………………………………………………………… *186*
　8.3.2 標 準 画 像 ……………………………………………………………………… *186*
　8.3.3 評 価 方 法 ……………………………………………………………………… *187*
8.4 画質評価の標準化 …………………………………………………………………… *188*
8.5 主観評価値と客観評価値の対応 …………………………………………………… *192*

参 考 文 献 ……………………………………………………………………………… *193*
演習問題解答 …………………………………………………………………………… *195*
索　　　　引 …………………………………………………………………………… *205*

1 画像符号化の基礎

1.1 絵から画像へ

　人間は，目で見たものを空間的あるいは時間的に離れた人に伝えるためにさまざまな努力を重ねてきた．石器時代にアルタミラ洞窟の中に描かれた動物は，1万年以上もの歳月を経たいまでも「絵」という形で，動物の姿，形，動きなどを私達に伝えている．被写体からの光を人間が目で見て主観的に「絵」というメディアに変換し，記録したものであり，人類の繁栄とともにありとあらゆるところで「絵」は文化の中心となってきた．このように，主観的な写実物を用いて空間的あるいは時間的に離れた人に何らかの情報を伝えようとすることは，写真が発明される1839年までは当然のこととして行われてきた．有名な画家によって描かれた肖像画をはじめ風景，それに史実を示す絵画などがまさにそれである．写真が発明される以前には，カメラ・オブスキュラと呼ばれるピンホールからの光を暗い部屋でキャンバスにあて，それをなぞって絵を描く画家もいたようである．しかし，写真の発明以降は，客観的でより写実的な「画像」というメディアが社会に受け入れられ，空間的あるいは時間的に離れた人への画像情報伝達手段として一般的となった．

　現在はといえば，銀塩フィルムを利用する光学式のカメラは徐々に少なくなり，ディジタルカメラやビデオカメラが多く利用されるようになってきた．この背景には，撮像素子の高密度化という技術的進展とともに，フィルムと印画紙という組み合わせよりも，メモリとモニタあるいはプリンタという組み合わ

せの方が，コストパフォーマンスや即時性などの点で多くの人に受け入れられてきたためと考えられる。**図 1.1** は，ディジタルカメラやビデオカメラによる撮像からモニタでの表示に至る信号の流れを模式的に書いたものである。

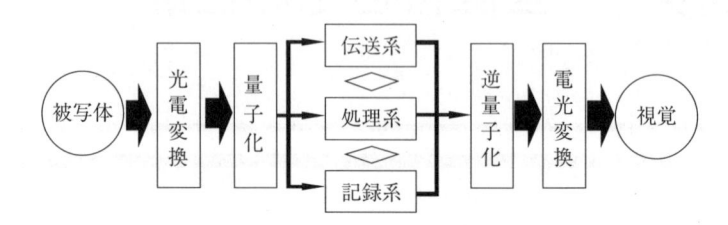

図 1.1 撮像から表示に至る信号の流れ

まず，被写体からの光は光電変換系により電気信号に変換される。テレビが発明された頃の光電変換系は，走査を伴った撮像管と呼ばれる電子管が用いられてきたが，現在では半導体素子により数百万画素の電気信号に変換され，量子化によってディジタル信号となる。

したがって，図中の伝送系とは，光ファイバやメタルケーブル，無線系などによるディジタル伝送系を指し，空間的に離れた場所へ画像情報を実時間あるいは短時間で伝送する。数十 kbps の ISDN 回線から，数 Gbps にもなる LAN などがこれに該当する。また，ディジタル放送や携帯端末への画像配信などのように，電波を利用した無線伝送路もこの中に含まれる。

記録系は，ハードディスクや DVD といったディジタル記録媒体を包含し，時間的に離れた，つまり，過去から未来へ情報を伝送する役割を担う。最近では，ギガバイトからテラバイトの記憶容量を持つようになってきており，動画像の記録が容易になってきた。

処理系では，雑音除去，輪郭強調，輝度補正といったいわゆる画像処理のほかに，本書の主題である符号化，復号化も含まれる。電光変換は，逆量子化された画像信号をもとに正確な光学的な信号に戻す役割を担っており，CRT や液晶などのほか，プリンタなどを指す。

ところで，ディジタル化された画像信号を符号化，復号化する上で最も重要なことは，極力少ない符号量で，直接目で見たものに近い画像を再現・表示す

ることにある．つまり，被写体を直接見たときと100%同じ画像を電光変換後に得られればそれにこしたことはないが，同じコストの中で最も優れた画質を提供することが重要である．ここでいう，コストとは装置の値段ばかりでなく，伝送や記録に必要となる情報量，符号化や復号化に要する処理量なども指す．そして，画質とは，SNR (Signal to Noise Ratio) のような客観的な量ではなく，人間が目で見たときに感じる主観的なものを指す．

1.2 画像データ

画像データとは，光電変換系から出力される2次元の画像信号のことである．具体的には，図1.2のような水平方向に M 画素，垂直方向に N 画素の合計 $M \times N$ 画素から構成される．ここで，M や N の値は撮像系や表示系の規格あるいは性能にもよるが，例えば，コンピュータで良く用いられる画像の

図 1.2 画像データの画素数と点 (m, n) にある輝度値 $p(m, n)$

表 1.1 画像のフォーマットの例（数値は画素数）

	静止画像				動画像				
	携帯電話	VGA	XVGA	SXGA	QCIF	CIF	SIF	SDTV	HDTV(i)	HDTV(p)
M	320	640	1024	1280	176	352	352	720	1920	1280
N	240	480	768	1024	144	288	224	480	1080	720

4 　1. 画像符号化の基礎

フォーマットとしては，**表 1.1** のような形式がある。

　一般的な画像信号は撮像系で光電変換された 2 次元アナログ信号であり，音声などと同様にそれを帯域制限した後，A/D 変換器によって量子化することでディジタル画像データに変換される。量子化された離散信号は画素 (pixel) と呼ばれ，その明るさの強さ (intensity) は輝度値あるいは画素値と呼ばれる。例えば，図 1.2 のように $M \times N$ 画素からなる画像データの点 (m, n) の輝度値は $p(m, n)$ で与えられ，8 bit で表現されていればその値は 0 から 255 ($= 2^8 - 1$) のいずれかの値をとることになる。

1.3　空間周波数と時空間周波数

　画像データ $p(m, n)$ は，2 次元空間上に分布する標本点と見なすことができる。したがって，次式で与えられる 2 次元離散フーリエ変換を施すことで，空間周波数成分 $P(\mu, \nu)$ を求めることができる。

$$P(\mu, \nu) = \frac{1}{MN} \sum_{m=0}^{M-1} \sum_{n=0}^{N-1} p(m, n) e^{-j2\pi\mu m/M} e^{-j2\pi\nu n/N} \tag{1.1}$$

ここで，μ は水平方向空間周波数，ν は垂直方向空間周波数である。したがって，空間周波数成分とは，$M \times N$ 画素の空間にどのような 2 次元正弦波パターンがどの程度含まれているかを示すものである。

　例えば，$p(m, n)$ が次式で与えられる場合は，その画像は**図 1.3**(a) のような水平方向に 4 周期が見られるような縞模様となり，$P(4, 0)$ 成分しかない 2

　　(a)　$P(4, 0)$ 成分の　　　　(b)　$P(0, 5)$ 成分の　　　　(c)　$P(2, 3)$ 成分の
　　　　　パターン　　　　　　　　　　パターン　　　　　　　　　　パターン

図 1.3　2 次元正弦波パターンの例

次元正弦波パターンとみなすことができる．

$$p(m,n)=\cos 8\pi m/M \tag{1.2}$$

同様に，$P(0,5)$ のみの成分しかない2次元正弦波パターンは図1.3(b)のような横縞になり，$P(2,3)$ のみの成分しかない2次元正弦波パターンは図1.3(c)のように右上りの斜め縞となる．

なお，正弦波パターンは正負に振動するので，図では黒を -1，白を $+1$ として表現してある．

一方，2次元離散フーリエ逆変換は次式で与えられ，画像 $p(m,n)$ が複数の2次元正弦波パターンの合成信号として表されることがわかる．

$$p(m,n)=\sum_{\mu=-M/2}^{M/2-1}\sum_{\nu=-N/2}^{N/2-1}P(\mu,\nu)e^{j2\pi\mu m/M}e^{j2\pi\nu n/N} \tag{1.3}$$

図1.4に，画像データ（標準画像 Girl）とその電力分布を2次元離散フー

（a）標準画像 Girl の濃淡表示 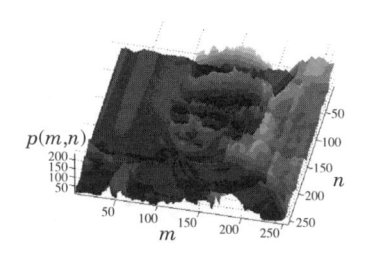　　（b）輝度値を z 方向の高さとした表示

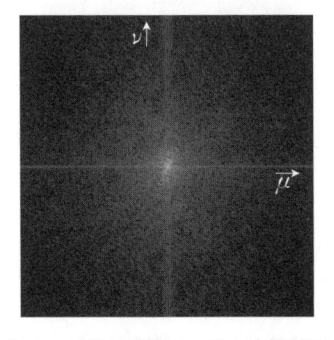

（c）2次元離散フーリエ変換結果 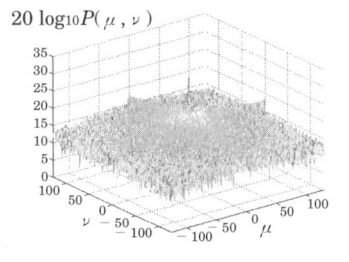　　（d）電力分布（dB表現）の立体表示

図1.4 画像の空間領域における表示と空間周波数領域における表示

リエ変換により求めた結果を示す。各電力は式 (1.1) で求めた空間周波数成分 $P(\mu,\nu)$ から次式により求めた。

$$|P(\mu,\nu)|^2 = \{\text{Re}[P(\mu,\nu)]\}^2 + \{\text{Im}[P(\mu,\nu)]\}^2 \tag{1.4}$$

図からわかるように，2次元空間周波数成分は $\mu=0$，$\nu=0$ のところを中心として $\mu=\pm M/2$，$\nu=\pm N/2$ までしかない。これは，標本点が何点であっても，扱うことができる最高周波数の信号は2点で1周期というサンプリング定理によるものである。

また，図1.4より，画像データの直流成分を表す $P(0,0)$ の値が大きく，空間周波数が高くなるにしたがって電力が減少していくこともわかるであろう。このような電力スペクトルの傾向は，特別な場合を除いて多くの画像データに共通する特徴である。なお，細かな絵柄が存在する画像の場合には，高周波領域に電力の集中が見られる。

つぎに，動画像の周波数成分を与える時空間周波数について述べる。動画像は，**図1.5**のように静止画像の集合体とみなすことができ，インターレース走査された画像とプログレッシブ（順次）走査された画像に大別される。

（a）インターレース走査方式　　（b）プログレッシブ走査方式

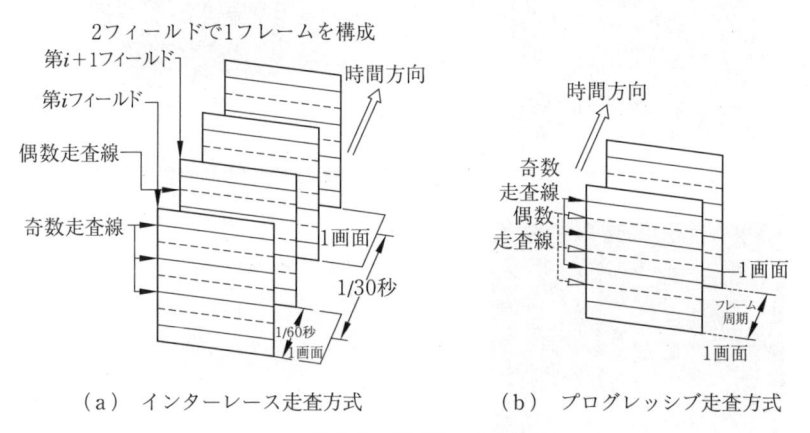

図1.5　動画像の走査構造

インターレース走査画像は，狭い帯域でも画質の劣化を防ぐことができるため，古くからテレビジョン放送などで利用されており，奇数走査線からなる画像と偶数走査線からなる画像（これらをフィールドと呼ぶ）が交互に現れる。

一方，プログレッシブ走査は最近のコンピュータの表示で用いられており，すべての走査線による画像（フレームと呼ぶ）が順に現れる．インターレース走査画像のスペクトル分布を 3 次元の時空間周波数軸を用いて表すと**図 1.6**(a)のようになる．これらのスペクトル分布の詳細な求め方は紙面の関係で他書に譲るが，具体的には次式で与えられる 3 次元フーリエ変換により求めることができる．

$$P(\mu,\nu,f) = \frac{1}{MNT} \sum_{m=0}^{M-1} \sum_{n=0}^{N-1} \sum_{t=0}^{T-1} p(m,n,t) e^{-j2\pi\mu m/M} e^{-j2\pi\nu n/N} e^{-j2\pi ft/T}$$

(1.5)

（a）インターレース走査画像　　（b）プログレッシブ走査画像

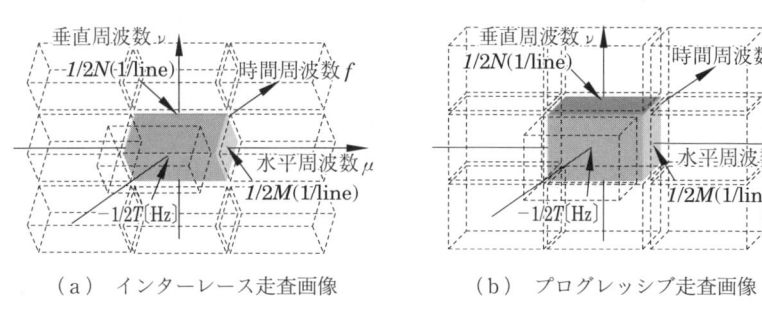

図 1.6　走査方法の違いによる動画像の時空間周波数成分の変化の様子

図 1.6(b)は，$M \times N$ 画素からなる画像が T [s]のフレーム周期で表示されるようなプログレッシブ走査画像のスペクトル分布を示す．同図(a)と較べると，インターレース走査画像の水平周波数成分 μ の範囲はプログレッシブ画像の範囲と異ならないが，垂直周波数成分 ν および時間周波数成分 f の高い部分が削られていることがわかる．これは，インターレース走査時に画像データを垂直方向に飛び飛びに標本化し，時間方向に走査構造を変えたことによるものである．

1.4　色信号と色度図

光の 3 原色である赤（R），緑（G），青（B），色の 3 原色であるシアン

(C)，マゼンタ（M），黄（Y）を混色すると**図1.7**のように多様な色を表現できる。光の場合は加法混色と呼ばれ，原色光を加えると輝度が上がり，3原色を同比率で混合するとその量によって黒から白を表すことができる。CRT，液晶といった表示系で色を表現するのは，この加法混色に従う。一方，減法混色は一般的な絵画や印刷物のような反射光を利用する色表現で用いられているもので，混合する3原色の量を増加させると輝度が下がる。ただし，CMYを完全に等量にしないと黒や灰色にならないことから，印刷物の表現には黒（K）が加わった4色系が多く用いられる。

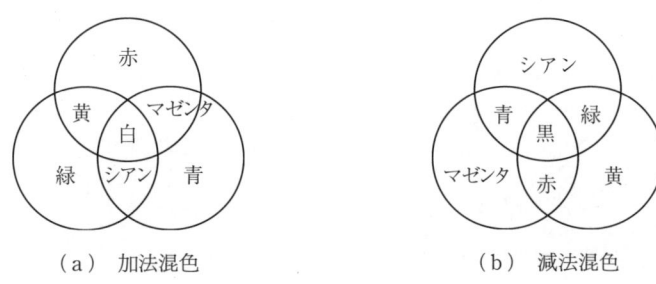

（a）加法混色　　　　　（b）減法混色

図1.7　混色で表現できる色

図1.8は，RGB色空間とrg色度図を示したものである。このように，図1.7(a)の各色は，図1.8(a)の6箇所の座標(r,g,b)に対応していることがわかる。したがって，明るさのことを考えずに色だけを考えるのであれば，$r+g+b=1$を満足するようなr，g，bの組み合わせを考えれば良く，図1.

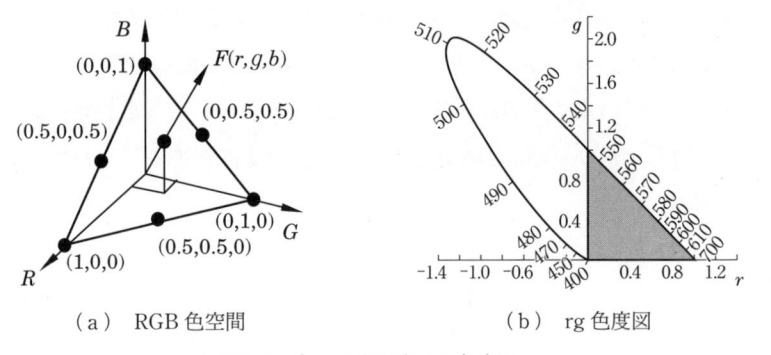

（a）RGB色空間　　　　　（b）rg色度図

図1.8　色の3次元表示と色度図

8(a)の(1,0,0)，(0,1,0)，(0,0,1)の3点を結んだ三角形の内側の部分がCRTや液晶で表現できるすべての色を与えることになる。

図1.8(a)の原点(0,0,0)から任意の色の組み合わせ座標$F(r,g,b)$に向かうベクトルがこの三角形と交わる点をrg平面に写像することでrg色度図を作ることができる。このrg色度図上で，人間が知覚できる色範囲とRGB色空間で表現できる色範囲を較べたものが図1.8(b)である。この図から，網かけ部分で与えられるRGB色空間で表現できる色空間では人間の知覚する馬蹄形の色空間すべてを再現できないことがわかる。

図1.9は，xy色度図と呼ばれるもので，次式によりRGB色空間の座標をXYZ色空間の座標に変換して得ることができる†。

$$\begin{bmatrix} X \\ Y \\ Z \end{bmatrix} = \begin{bmatrix} 2.77 & 1.75 & 1.13 \\ 1.00 & 4.59 & 0.06 \\ 0.00 & 0.06 & 5.59 \end{bmatrix} \begin{bmatrix} R \\ G \\ B \end{bmatrix} \quad (1.6)$$

XYZ色空間は，人間の知覚する色をすべて正の座標値で表現できるという特徴を有している。図1.9において，破線で囲まれた三角形が図1.8(b)の網

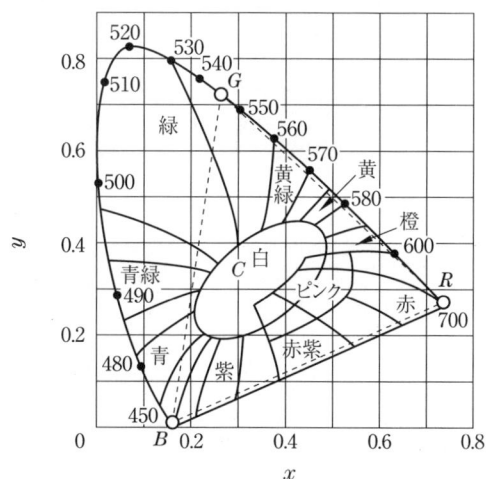

図1.9 xy色度図

† ここで示したRGBは，CIE（国際照明委員会）で定義された三原色の物理的なエネルギーを表したもので，後述するTV信号系のRGBとは異なる。

かけ部分に対応する。この図より，RGB光による加法混色では，緑から青緑にかけての色再現があまりよくなく，また，カラーテレビジョン方式で採用している3原色では，馬蹄形の外縁に近い部分に相当する鮮やかな色が十分表現できないことがわかる。

いままで述べてきた中では，RGBやXYZの色信号は0〜1の範囲の値としたが，実際には8bitあるいは10bitの色情報として表現される。

ところで，カメラなどで撮影した画像の色分布を調べてみると，図1.8(a)

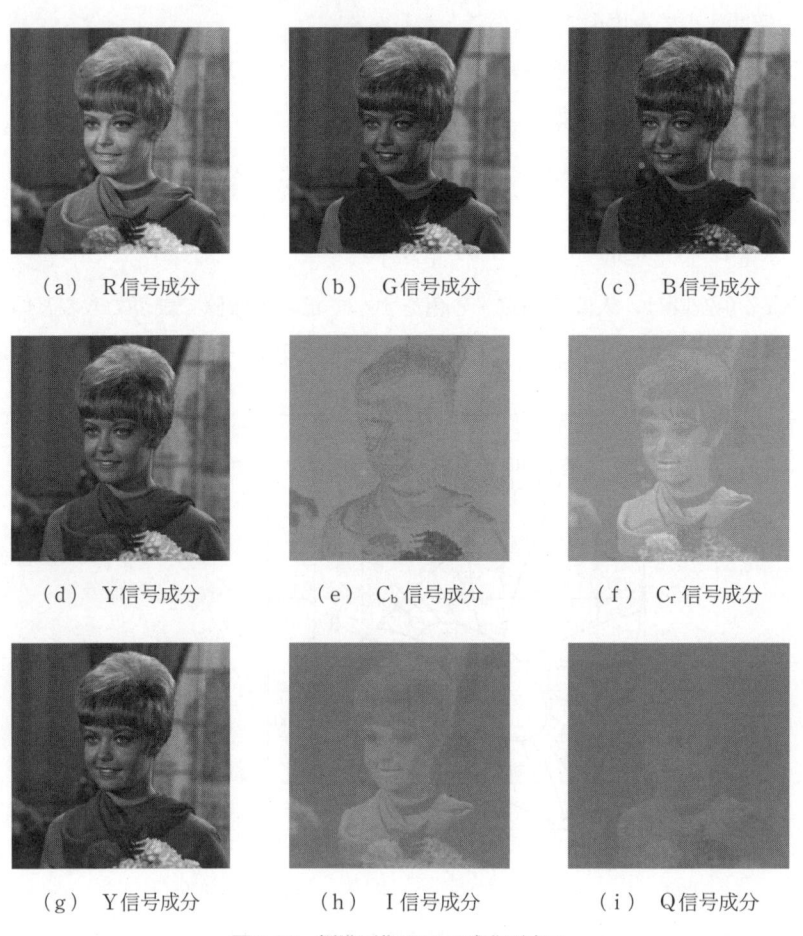

(a) R信号成分　　(b) G信号成分　　(c) B信号成分

(d) Y信号成分　　(e) C_b信号成分　　(f) C_r信号成分

(g) Y信号成分　　(h) I信号成分　　(i) Q信号成分

図1.10　標準画像Girlの成分別表示

のRGB空間に万遍なく分布しているわけではなく，$r=g=b$ となる黒から白の領域付近に多く分布する．したがって，画素信号をRGB色空間で表現することは後述する高能率符号化の立場からは冗長であると考えられ，別の色空間に変換してから符号化が行われる．代表的な色空間としては，輝度信号Yと色差信号 C_bC_r を与える YC_bC_r 空間，色によって人間の視覚の解像度特性が異なることを利用したYIQ空間などがある．おのおのの変換式を以下に示す．

$$\begin{bmatrix} Y \\ C_b \\ C_r \end{bmatrix} = \begin{bmatrix} 0.297 & 0.587 & 0.114 \\ -0.169 & -0.331 & 0.500 \\ 0.500 & -0.419 & -0.081 \end{bmatrix} \begin{bmatrix} R \\ G \\ B \end{bmatrix} \qquad (1.7)$$

$$\begin{bmatrix} Y \\ I \\ Q \end{bmatrix} = \begin{bmatrix} 0.297 & 0.587 & 0.114 \\ 0.60 & -0.28 & -0.32 \\ 0.21 & -0.52 & 0.31 \end{bmatrix} \begin{bmatrix} R \\ G \\ B \end{bmatrix} \qquad (1.8)$$

図1.10 に，標準画像 Girl の RGB 信号から YC_bC_r 信号および YIQ 信号に変換し，各成分がどのようになるかを示す．

1.5　画像の持つ平均情報量

$M \times N$ 画素からなる画像は，どれほどの情報量を持っているのであろうか．各画素が8bitで表現されている**図1.11**(a)のようなモノクロ画像であれば，$M \times N \times 8$ bit が一つの画像の持っている情報量となり，図1.10のようなRGB信号（各信号が8bitで表されている場合）からなるカラー画像では，$M \times N \times 24$ bit が総情報量となる．また，図1.11(b)のように2値画像であれば，各画素の黒，白に対応する0，1を与えればよいわけであるから1bitで1画素を表現できることになり，$M \times N$ bit が総情報量となる．シャノンの定義によれば，L 種類の輝度値で与えられる画像の各輝度値の発生確率が p_0, p_1, $\cdots$ p_{L-1} で与えられるとき，平均情報量 E（単位はbit）は次式で与えられる．

$$E = \sum_{i=0}^{L-1} p_i \log_2 \frac{1}{p_i} \qquad (1.9)$$

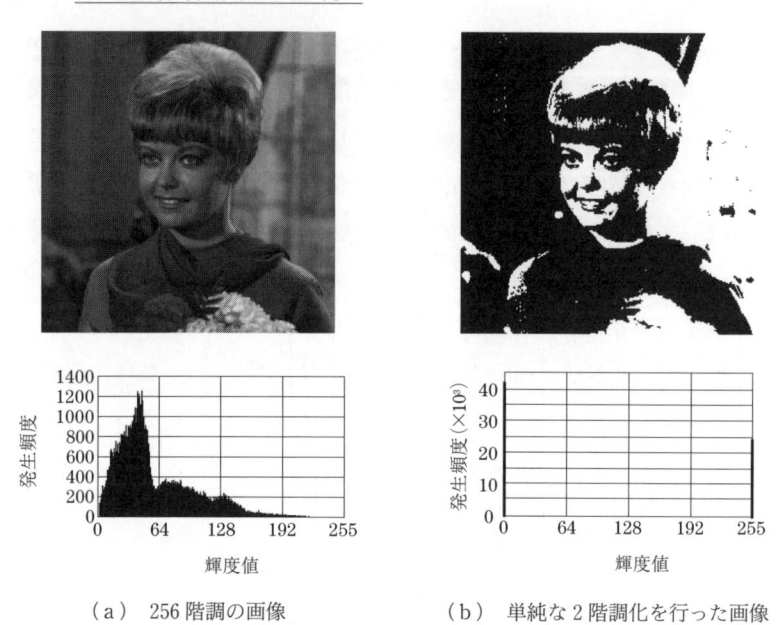

(a) 256 階調の画像 　　　　(b) 単純な 2 階調化を行った画像

図 1.11　階調の異なる画像とそのヒストグラム

例えば，図 1.11(a) のように各画素の輝度値が黒から白まで 256 値で与えられ，それぞれの確率がわかればこの画像の持つ平均情報量を求めることができる．実際に，上式に図 1.11(a) の発生確率を代入して平均情報量を求めたところ 7.053 (bit) となった．つまり，図 1.11(a) は各画素 8 bit で表現されているが，平均情報量としては画素あたり 7 bit 程度しかないことが上式より求められる．したがって，符号化の際，何らかの工夫をすれば全体の情報量を 88% にまで削減できることになる．

一方，黒と白の発生確率がともに 50% であれば，上式に $p_0=0.5$, $p_1=0.5$ を代入することで 1 画素あたりの平均情報量は 1 bit という値を導き出すことができる．しかし，発生確率が等確率でない場合には平均情報量は 1 bit を下回る．例えば，図 1.11(a) の各画素の輝度値が 60 以上であれば白 (255)，60 未満であれば黒 (0) として，図 1.11(b) のような 2 値画像を作ると，発生頻度は大きく変化し，上式により平均情報量を求めると 0.945 (bit) となった．

1.5 画像の持つ平均情報量　　13

このことから，何らかの方法により画像の輝度値の発生確率を偏らせることができれば，平均情報量を下げることが可能となる。

　一般によく知られている輝度値の発生確率変化は，次式のように，隣接する画素の輝度値からさまざまな形で予測した輝度値と注目画素の輝度値の差分 $p'(m,n)$ を求めることで行われる。

$$p'(m,n) = p(m,n) - p(m-1,n) \tag{1.10}$$

$$p'(m,n) = p(m,n) - p(m,n-1) \tag{1.11}$$

$$p'(m,n) = p(m,n) - \frac{1}{2}\{p(m-1,n) + p(m,n-1)\} \tag{1.12}$$

$$p'(m,n) = p(m,n) - \left\{p(m-1,n) + \frac{p(m,n-1) - p(m-1,n-1)}{2}\right\} \tag{1.13}$$

　図 1.12 に，性質の異なる 3 種類の画像（Girl, Barbara, Milkdrop という標準画像で，いずれも 256 階調）に (1.10) 式の差分処理を施した画像（−255〜+255 の値をとる。黒が −255，灰が 0，白が +255 に対応。わかりやすいように強調しているが，実際はもっと灰色主体の画像となる。）とその輝度

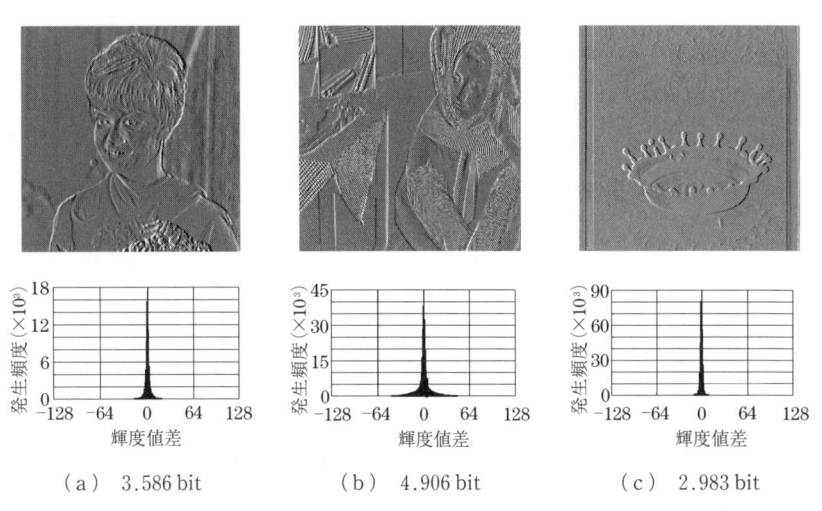

　　(a)　3.586 bit　　　　　(b)　4.906 bit　　　　　(c)　2.983 bit

図 1.12　差分処理を施した 3 種類の画像の輝度値差の頻度分布と平均情報量

値差の頻度分布（−128〜＋127までを表示），ならびに平均情報量を示す。これらの結果からもわかるように，画像の種類にかかわらず，差分をとることで輝度値差は0付近に集中し，平均情報量も8bitよりかなり小さくなっていることがわかる。この方法は，2章で述べるJPEGのSpatial方式の前処理として採用されている。

1.6 ハフマン符号化による情報量の削減

　前節で示した通り，図1.11(a)の画像は各画素8bitで表されているが平均情報量は7.053（bit）しかないことがわかった。このことは，発生確率が高い輝度値あるいは輝度値差には少ないビット割当てを行い，発生確率が低い輝度値あるいは輝度値差には多めのビット割当てをすることで，1画像の伝送に必要な情報量を削減できるということを意味する。

　このように発生確率によって符号の割当て方を決定する代表的な手法がハフマン符号化である。

　図1.13は，輝度が4階調の画像があり，その中の黒の発生確率$p_0=0.5$，濃い灰色の発生確率$p_1=0.125$，薄い灰色の発生確率$p_2=0.125$，白の発生確率$p_3=0.25$の場合，各信号にどのような符号を割り当てれば情報量圧縮できるかを模式的に表したものである。

　手順としては，以下の通りである。

① 信号の発生確率の順に並べる。図では，信号0，3，1，2の順であ

信　号	発生確率	ハフマン・ツリー
0（黒）	0.5	
3（白）	0.25	
1（濃灰）	0.125	
2（薄灰）	0.125	

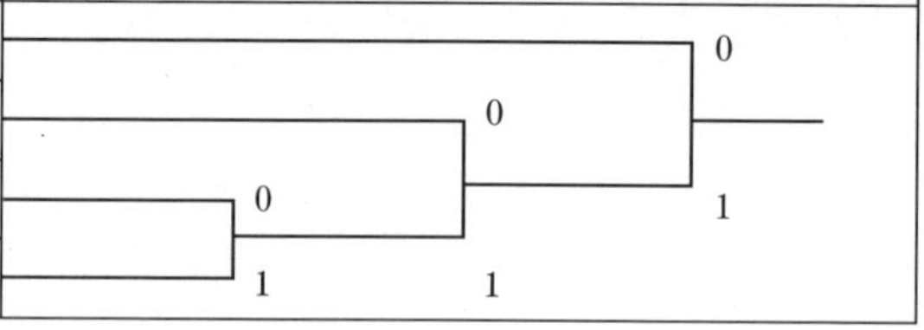

図1.13　ハフマン符号の割当て方

る．

② 最も発生確率の低い二つの信号を「コ」の字形の線で結び．発生確率の和を求めておく．図では信号1と信号2であり，発生確率の和は0.25である．

③ 残りの信号の発生確率，和の発生確率の中で最も発生確率の低い二つを線で結び，発生確率の和を求めておく．図では，信号3と信号1,2の和であり，発生確率の和は0.5である．

④ すべての信号を線で結ぶまで，③を繰り返す．

⑤ 右から線をたどり，分岐点を上に行くか下に行くかで1bit(0,1)を割り当てる．

したがって，図1.13の例では，信号0には0，信号1には110，信号2には111，信号3には10という可変長符号が割り当てられたことになる．この可変長符号によれば，1bitを割り当てた信号0の発生確率は0.5，2bitを割り当てた信号3の発生確率は0.25，3bitを割り当てた信号1と信号2の発生確率はそれぞれ0.125であるので，この発生確率通りの画像であれば，1画素あたりの平均符号量は次式のようになり

$$0.5 \times 1 + 0.25 \times 2 + 0.125 \times 3 + 0.125 \times 3 = 1.75$$

1.75 bit/画素となって2bitの固定長符号よりも高い効率で符号化が行えたことになる．

演 習 問 題

(1) 2次元正弦波パターン（図1.3(c)）を表示するMATLABのプログラムを考えよ．

(2) モノクロ画像のビットマップファイルが与えられたら図1.4(d)のようなdB表示の電力スペクトルを求めるMATLABのプログラムを考えよ．

(3) 図1.6をμ軸方向から見たらどのような分布になるか．

(4) $r=0.5$, $g=0.5$, $b=0.5$で与えられる灰色は，rg色度図上ではどこの点となるか．また，xy色度図上ではどこの点となるか．

1. 画像符号化の基礎

（5） 8階調のモノクロ画像の輝度信号分布が**問表1.1**のようであった場合，
① 平均情報量を求めよ。
② ハフマン符号化によって各信号に符号を割当てよ。

問表1.1

輝度信号	発生確率	輝度信号	発生確率
0	0.08	4	0.23
1	0.19	5	0.16
2	0.11	6	0.08
3	0.12	7	0.03

2 静止画像の性質とJPEG・JPEG 2000

2.1 さまざまな静止画像の性質

　静止画像の性質を把握することは，高能率符号化に結びつく。中でも，空間方向の相関，色の分布などに大きな特徴が見られる。

（1）画像の自己相関関数

　画像（$X \times Y$）の空間方向の相関は次式のような自己相関関数により求めることができる。

$$\phi(\xi,\psi) = \lim_{X,Y\to\infty} \int_{-Y/2}^{Y/2}\int_{-X/2}^{X/2} p(x+\xi, y+\psi)p(x,y)\,dxdy \tag{2.1}$$

　画像信号は隣接する画素の輝度値が類似していることが多く，離れるにしたがって異なる値になっていく。その傾向は，負の指数関数で次式のように近似できることが知られている。

$$\phi(\xi,\psi) = \phi(0,0)\exp\left(-\sqrt{(\alpha\xi)^2 + (\beta\psi)^2}\right) \tag{2.2}$$

　ここで，α および β は相関の強さを与える定数である。
　図 2.1 に 3 種類の画像の自己相関関数を示す。
　これらの結果から，$\phi(0,0)$ の値が最も大きく，その周辺も高い値を示すことから，隣接する画素の輝度値は画像の種類に依存することなく類似していることがわかる。このことは，ある画素の輝度値は周囲の画素の輝度値から，かなりの確度で予測できることがわかる。ただし，自己相関の形状は画像によっ

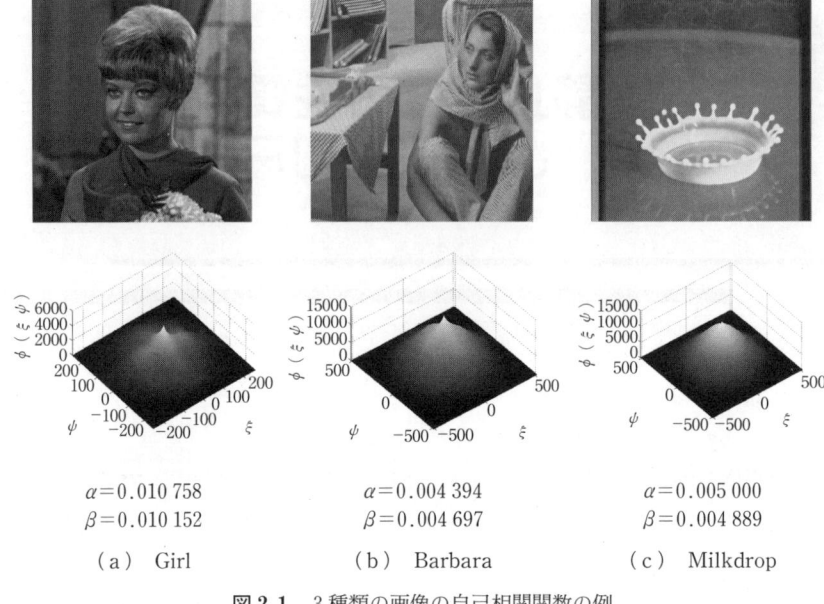

$\alpha = 0.010\,758$	$\alpha = 0.004\,394$	$\alpha = 0.005\,000$
$\beta = 0.010\,152$	$\beta = 0.004\,697$	$\beta = 0.004\,889$
（a）Girl	（b）Barbara	（c）Milkdrop

図 2.1　3 種類の画像の自己相関関数の例

て異なり，Milkdrop のような単調な部分が広がっている画像は自己相関の形状が平坦で丸みを帯びていることがわかる。これに対し，Girl や Barbara では $\phi(0,0)$ が突出していて小領域での相関が高いことを示している。また，画像ごとにわずかではあるが α と β の値が異なり，x 方向と y 方向で相関の違いがあることを示している。JPEG の可逆符号化で採用されている Spatial 方式は画像のこの性質を利用している。また，空間方向に相関が徐々に低くなるということは高い空間周波数成分を持たないことを意味し，このことは JPEG の非可逆符号化で DCT（Discrete Cosine Transform）を行えば画質を落とさずに符号化効率を上げられることを意味する。

なお，上述した画像の性質は自然画像についていえることで，文字やアニメーションのような線画の場合は成り立たない。

（2）色の分布

カラー画像の各画素の色は，色空間に万遍なく分布しているわけではなく，部分的に固まっている。特に，鮮やかな色が画像中に多数含まれていることは

あまりなく，無彩色である黒から白にかけてのいわゆるグレースケール軸に沿った形で分布する．

図 2.2(a)は，カラー画像 Girl の色が RGB 空間でどのように分布するかを調べた結果であるが，同図(b)のようにグレースケール軸から見ると偏りを持って分布していることがわかる．

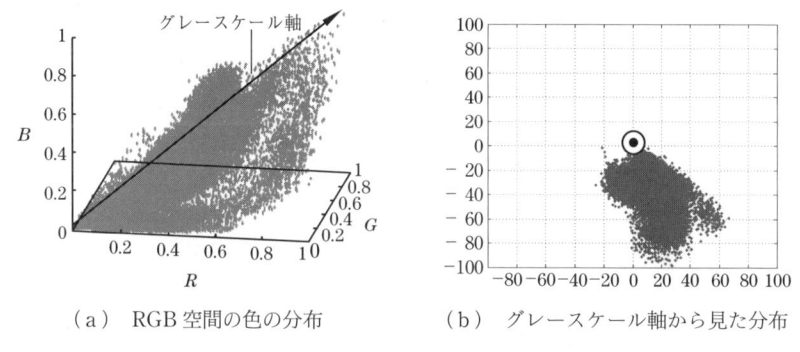

(a) RGB 空間の色の分布　　　　(b) グレースケール軸から見た分布

図 2.2　色の分布

したがって，RGB 空間で符号化するよりも YC_bC_r 空間や YIQ 空間といったグレースケール軸に沿った色空間で符号化する方が効率的である．

一方，輝度信号と同様に，色信号も隣接あるいは周辺の画素間で高い相関があり，輝度信号よりもさらに大きな空間的広がりを持っている．したがって，JPEG の非可逆符号化において輝度信号と同様に DCT を行うことで符号化効率を高めることができる．

2.2　JPEG と JPEG 2000

ディジタルカメラで撮影した静止画像を伝送したり，蓄積したりする場合，何の符号化も施さなければ莫大な情報を必要とする．例えば，$1\,600 \times 1\,200$ 画素の解像度のカラー画像の場合，画素数は約 200 万画素になり，RGB の 3 原色画像を各 8 bit で量子化すれば，約 4 800 万 bit（48 Mbit）にもなる．したがって，符号化によって情報圧縮が行えなければ現在のような，画像情報の流

通はありえなかったわけである。

静止画像の符号化の標準に関する歴史は，1986年にCCITT（現在のITU-T）とISOが合同でJPEG（Joint Photographic Coding Experts Group）を設立したところから始まり，1992年に実際の標準化が完了した。

一方，画質の高品質化の要求も高くなり，医用画像などを扱うためのJPEG-LS（Lossless）や低ビットレートで画像を配信するような用途のためのJPEG 2000の標準化も2000年にほぼ完了した。

2.3 JPEG符号化技術

JPEGは，静止画像の高能率符号化を世界規模ですすめるグループの名称であるが，一般的にはそこで定められた符号化・復号化の規格を指す。JPEGには，離散コサイン変換を用いるDCT方式と，予測符号化を用いるSpatial方式がある。前者は，画質をある程度犠牲にする非可逆符号化方式であるが高圧縮率を得ることができ，また，用途に応じて圧縮率を選ぶことができる。一方，後者は，画質の劣化が生じない可逆符号化方式であるが低圧縮率となる。

DCTを利用するJPEGの符号器のブロック図を図2.3に，復号器のブロック図を図2.4に示す。

以下では，JPEGの要素技術である8×8画素を一つの単位として扱うブロック分割，空間的な信号の変化を2次元周波数成分に変換することで情報に偏

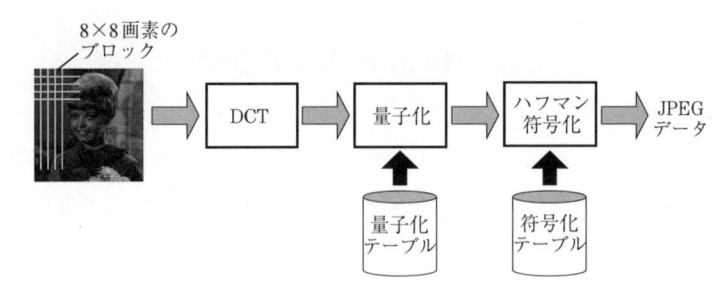

図2.3 DCTを利用するJPEG符号器のブロック図

2.3 JPEG符号化技術　　21

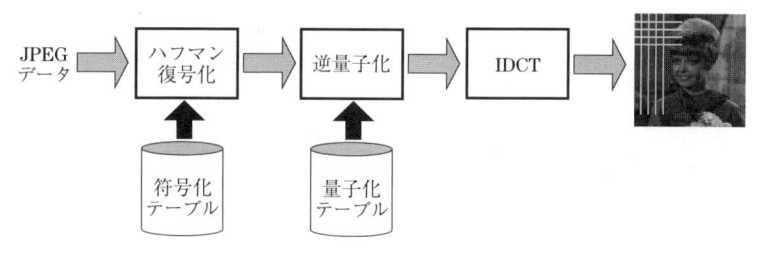

図2.4　DCTを利用するJPEG復号器のブロック図

りをもたせる2次元DCT，視覚特性を考慮して高い空間周波数成分をもつ雑音を許容する量子化，そして量子化されたデータの発生確率を考慮して設計されたハフマン符号について順に述べる。

2.3.1　ブロック分割と2次元DCT変換

1枚の静止画像は多くの画素からなるが，JPEGではまず図2.3のように8×8画素のブロックに分割する。その後，次式のような2次元DCTと呼ばれる変換により，各ブロックごとのDCT係数 $P_b(\mu,\nu)$ を画素値 $p_b(i,j)$ から求める。

$$P_b(\mu,\nu) = \frac{1}{4} C(\mu) C(\nu) \sum_{i=0}^{7} \sum_{j=0}^{7} p_b(i,j) \cos\frac{(2i+1)\mu\pi}{16} \cos\frac{(2j+1)\nu\pi}{16} \tag{2.3}$$

ここで，$C(\mu) = \begin{cases} \frac{1}{\sqrt{2}} & (\mu=0) \\ 1 & (\mu \neq 0) \end{cases}$，$C(\nu) = \begin{cases} \frac{1}{\sqrt{2}} & (\nu=0) \\ 1 & (\nu \neq 0) \end{cases}$

2次元空間周波数成分を求めるのであれば2次元フーリエ変換が，符号化効率を大前提にするのであればKL (Kalunenn Leve) 変換が適切であるが，変換時の係数データを繰り返し利用できかつ演算が簡単で，変換後の各成分の値が複素数にならないことなどを考慮すると，このDCTが実装化の観点からも優れているために一般的となった。**図2.5**(a)に，256×256画素の原画像を，同図(b)にブロック分割して2次元DCTで変換した後の係数の様子を絶対値

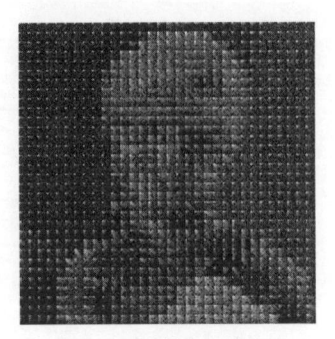

(a) 原画像　　　　　　　(b) DCT 係数を濃淡で
　　　　　　　　　　　　　　　表現したもの

図 2.5　原画像と可視化された DCT 変換後の係数

を求めて可視化したものを示す。

図 2.6(a) は，図 2.5(b) の眼の付近の 9 ブロック（x 方向：15〜17，y 方向：13〜15）を拡大したものであり，同図 (b) は中央部の DCT 係数の絶対値を示す。

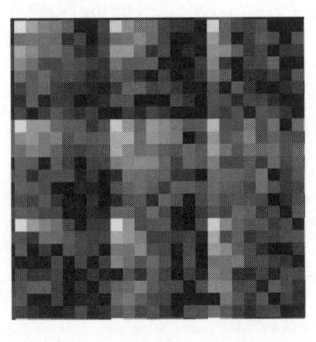

207	145	86	153	133	111	70	73
173	172	96	144	127	116	0	40
172	129	99	105	73	63	92	72
119	128	136	129	90	41	87	67
21	107	99	90	80	28	28	0
61	85	101	78	34	78	80	58
16	58	71	16	87	63	0	53
88	89	56	97	51	6	0	33

(a)　　　　　　　　　　　　　(b)

図 2.6　図 2.5(b) の眼の付近の 9 ブロックの拡大図と
　　　　中央部の DCT 係数の絶対値

図 2.5 において，各ブロックの左上端はそのブロックの平均値すなわち直流成分を表しており，いずれのブロックも多くの直流成分をもっていることがわかる。これに対し，図 2.6 のように，交流成分は髪の毛や眼，輪郭部分のブロックのように，細かい絵柄の部分に多く含まれていることもわかる。

2.3.2 2次元 DCT 係数の量子化

1ブロックにある 64 個の DCT 係数は，そのブロックの 2 次元空間周波数成分を表している。このうち，平均輝度を与える $P_b(0,0)$ は画質を左右するきわめて重要な値であり，量子化雑音を少なくするためにも量子化ステップ Δ_{00} は小さくされる。一方，空間周波数が高くなるにつれて DCT 係数値はほとんどが小さくなり，その上，量子化雑音が多少あっても視覚的に目立たないことから，量子化ステップ $\Delta_{\mu\nu}$（ただし，$\mu,\nu \neq 0,0$）は大きくされる。

図 2.7 は，こうして作られた $\Delta_{\mu\nu}$ を与える量子化テーブルの例である。なお，カラー画像の場合には，RGB の各色空間で JPEG 圧縮する方法と YC_bC_r のような輝度・色差空間に変換してから DCT を施し，量子化する方法がある。

16	11	10	16	24	40	51	61
12	12	14	19	26	58	60	66
14	13	16	24	40	57	69	57
14	17	22	29	51	87	80	62
18	22	37	56	68	109	103	77
24	36	55	64	81	104	113	92
49	64	78	87	103	121	120	101
72	92	95	98	112	100	103	99

（a）輝度信号用量子化テーブル

17	18	24	47	99	99	99	99
18	21	26	66	99	99	99	99
24	26	56	99	99	99	99	99
47	66	99	99	99	99	99	99
99	99	99	99	99	99	99	99
99	99	99	99	99	99	99	99
99	99	99	99	99	99	99	99
99	99	99	99	99	99	99	99

（b）色差信号用量子化テーブル

図 2.7　2 次元 DCT 係数の量子化テーブル $\Delta_{\mu\nu}$ の例

13	13	9	10	6	3	1	1
14	14	9	8	5	2	0	1
12	10	6	4	2	1	1	1
9	8	6	4	2	0	1	1
1	5	3	2	1	0	0	0
3	2	1	1	0	0	1	0
0	1	1	0	1	1	0	1
1	1	1	1	0	0	0	0

図 2.8　量子化した DCT 係数

図 2.8 に，図 2.7(a) の量子化テーブルで図 2.6(b) の値を量子化した結果を示す．

2.3.3 ハフマン符号化

量子化された DCT 係数を符号化して送信し，受信側では送信側で用いたものと同じ量子化テーブルで復号すれば，量子化雑音は含むが原画像に近い画像を再生できる．しかし，これだけでは符号量は十分圧縮できず，より一層の高能率符号化が必要である．そこで登場するのがハフマン符号化である．量子化された DCT 係数のうち，直流成分と交流成分は性質が若干異なるので，つぎのように扱われる．

(1) 直 流 成 分

自然画像などでは，隣接するブロック間の平均輝度値は似た値をとるために，次式のように，一つ前のブロックとの差分をとり，差分値がハフマン符号

表 2.1 直流差分値のハフマン符号化テーブル

直流差分値	グループ番号	付加ビット
0	0	0
$-1, 1$	1	1
$-3, -2, 2, 3$	2	2
$-7, -6, -5, -4, 4, 5, 6, 7$	3	3
$-15, \cdots, -8, 8, \cdots, 15$	4	4
$-31, \cdots, -16, 16, \cdots, 31$	5	5
$-63, \cdots, -32, 32, \cdots, 63$	6	6
$-127, \cdots, -64, 64, \cdots, 127$	7	7
$-255, \cdots, -128, 128, \cdots, 255$	8	8
$-511, \cdots, -256, 256, \cdots, 511$	9	9
$-1023, \cdots, -512, 512, \cdots, 1023$	10	10
$-2047, \cdots, -1024, 1024, \cdots, 2047$	11	11
$-4095, \cdots, -2048, 2048, \cdots, 4095$	12	12
$-8191, \cdots, -4096, 4096, \cdots, 8191$	13	13
$-16383, \cdots, -8192, 8192, \cdots, 16383$	14	14
$-32767, \cdots, -16384, 16384, \cdots, 32767$	15	15

によって符号化される。

$$D_b(0,0) = \frac{P_b(0,0)}{\Delta_{00}} - \frac{P_{b-1}(0,0)}{\Delta_{00}} \qquad (2.4)$$

ハフマン符号は発生頻度が高い情報に短い符号を，発生頻度が低い情報に長い符号を割り当てる可変長符号で，具体的にはこの直流差分を表すための符号量は，4〜19 bit となる。表 2.1 に直流差分値のハフマン符号化テーブルを示す。グループ番号はハフマン符号化で表されるため可変長ビットとなり，それに続いて付加ビットが加わる。

（2）交　流　成　分

一般的な自然画像の DCT 係数は，直流成分以外は大きな値を持たなかったり，ゼロであったりする。しかし，直流成分に近い $P_b(0,1)/\Delta_{01}$, $P_b(1,0)/\Delta_{10}$, $P_b(1,1)/\Delta_{11}$ のような交流成分は，視覚的にも重要な情報を持ち，その周辺の交流成分もそれなりの情報を持っている。交流成分は，まず図 2.9 のような Zigzag Scan によって，1次元の信号系列にされる。

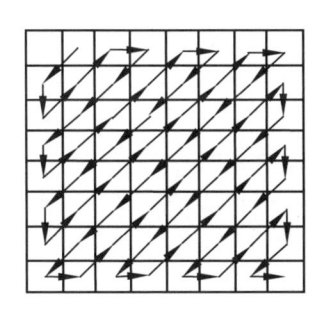

図 2.9 DCT 係数の交流成分の Scan 方法

このようにして並べられた $P_b(\mu,\nu)/\Delta_{\mu\nu}$ のうち，0 でないものを有効係数，0 のものを無効係数として，つぎのようなグループ化と符号割当が行われる。例えば，図 2.8 のような場合には

13, 14, 12, 14, 9, 10, 9, 10, 9, 1, 8, 6, 8, 6, 3, 5, 4, 6, 5, 3, 0, 2, 3, 4, 2, 2, 1, 1, 0, 1, 2, 2, 1, 1, 1, 1, 1, 1, 1, 0, 1, 1, 1, 1, 0, 0, 0, 1, 1, 1, 0, 0, 1, 0, 1, 1, 0, 0, 0, 0, 1, 0, 0

となる。

・有 効 係 数

ハフマン符号化により,発生頻度の高い交流成分の情報には少ない符号量を,発生頻度の低い交流成分の情報には多くの符号量が割り当てられる。**表 2.2** に,各有効係数に割り当てるグループ番号と付加ビットを表す。グループ番号は,直流成分と同様に,ハフマン符号化される。

表 2.2 有効係数に割り当てるグループ番号と付加ビット

交流成分	グループ番号	付加ビット
$-1, 1$	1	1
$-3, -2, 2, 3$	2	2
$-7, -6, -5, -4, 4, 5, 6, 7$	3	3
$-15, \cdots, -8, 8, \cdots, 15$	4	4
$-31, \cdots, -16, 16, \cdots, 31$	5	5
$-63, \cdots, -32, 32, \cdots, 63$	6	6
$-127, \cdots, -64, 64, \cdots, 127$	7	7
$-255, \cdots, -128, 128, \cdots, 255$	8	8
$-511, \cdots, -256, 256, \cdots, 511$	9	9
$-1023, \cdots, -512, 512, \cdots, 1023$	10	10
$-2047, \cdots, -1024, 1024, \cdots, 2047$	11	11
$-4095, \cdots, -2048, 2048, \cdots, 4095$	12	12
$-8191, \cdots, -4096, 4096, \cdots, 8191$	13	13
$-16383, \cdots, -8192, 8192, \cdots, 16383$	14	14
$-32767, \cdots, -16384, 16384, \cdots, 32767$	15	15

・無 効 係 数

$P_b(\mu, \nu)/\Delta_{\mu\nu}$ の右下半分,すなわち,$\mu+\nu \geqq 7$ の範囲の $P_b(\mu, \nu)/\Delta_{\mu\nu}$ は 0 になることが多く,Zigzag Scan して 1 次元の信号系列にすると,0 が連続する。そのため,0 が何個連続しているかを与えるランレングス情報が符号化される。その際,**図 2.10** のような 2 次元ハフマン符号が用いられる。

以上により,JPEG で符号化された画像情報は**図 2.11** のような構造となって伝送される。

図中の MCU の部分に輝度信号,色差信号を組み合わせて入れる方法をイン

2.3 JPEG符号化技術 27

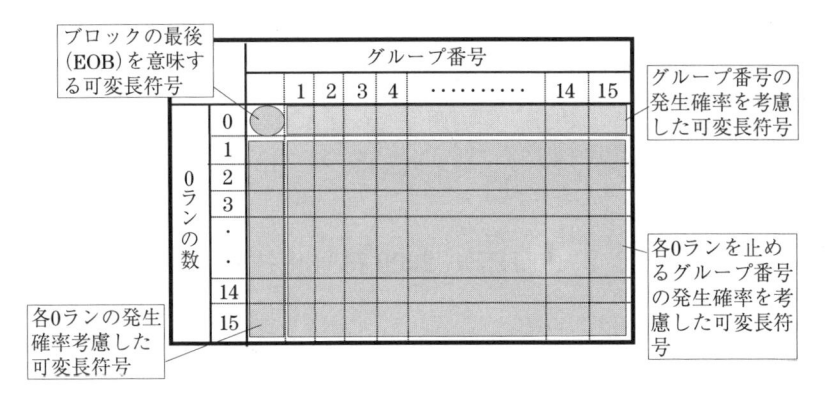

図2.10 交流成分のための2次元ハフマン符号

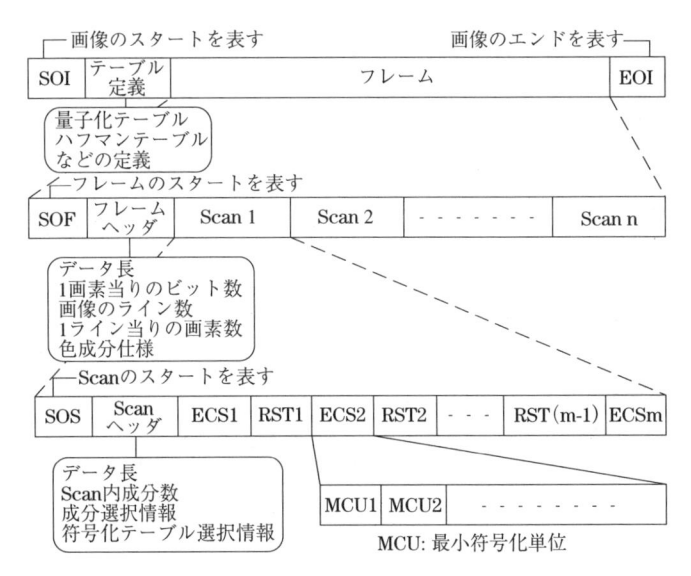

図2.11 JPEGで符号化された画像情報の構造

ターリーブ方式と呼び，あるScanに輝度信号を入れ，別のScanに色差信号を入れる方法をノンインターリーブ方式と呼ぶ．

2.3.4 復号化の過程

JPEGの復号は，図2.4に示したように符号化の逆の過程をたどる．すなわ

ち，JPEG データから量子化テーブルやハフマン符号化のテーブルを獲得し，その後，何画素×何画素の情報か，また，どのような成分（白黒画像ならば Y，カラー画像ならば RGB，印刷画像ならば YMCK）から成るかを受け，MCU の情報から復号していくのである．

2.4　JPEG 2000 符号化技術

JPEG 2000 は，JPEG で問題となっていた低符号量時の画質低下を解消するために開発された符号化方式である．JPEG の画質低下のおもな原因は，DCT 係数に割当てられる符号量を抑えることでブロック歪みと呼ばれる目障りな雑音が加わることによるものである．そのため，JPEG 2000 では，目につきにくい雑音となるようにウェーブレット変換と呼ばれる帯域分割方式が採用されている．

図 2.12 に，JPEG 2000 の符号器のブロック図を，図 2.13 に復号器のブロック図をそれぞれ示す．以下では，符号化処理における DC レベルシフト，コ

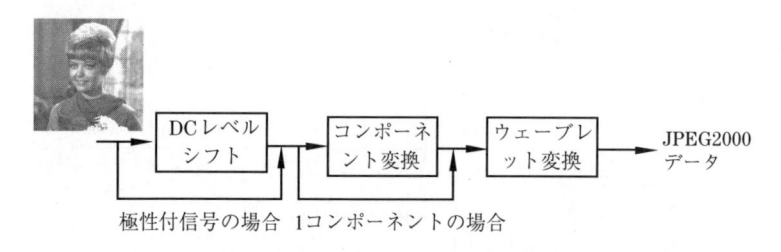

図 2.12　JPEG 2000 の符号器のブロック図

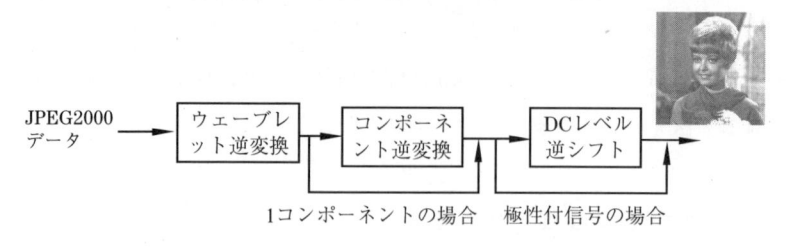

図 2.13　JPEG 2000 の復号器のブロック図

ンポーネント変換，タイリング，ウェーブレット変換，量子化について述べ，EBCOT によるエンベデッド符号化についても説明する。

2.4.1 DC レベルシフト

一般的なカラー画像は R，G，B の 3 信号からなり，おのおの 8 bit で表現される場合には 0〜255 の値をとる。このような信号は，平均値が 0 でない信号なので，DC オフセットを持つという。

以後の処理では，DC オフセットを持たない信号を対象とするので，次式のような DC レベルシフトが行われる。

$$p'(m,n) = p(m,n) - 2^{B-1}$$

ここで，$p(m,n)$ は画素位置 (m,n) の輝度値を与える信号であり，カラー画像であれば RGB 信号に対応する $p_r(m,n)$，$p_g(m,n)$，$p_b(m,n)$ となる。また，B は各信号を表すビット長である。

2.4.2 コンポーネント変換

RGB 信号空間内に一般的なカラー画像の信号点をプロットすると図 2.2 のように，グレースケールを与える Y 信号（輝度信号）軸に沿って局所的に分布する。したがって，RGB 信号を用いるよりも，Y 信号とこの軸に垂直な C_b 信号，C_r 信号（色差信号）を用いた方が効率よく符号化できる。このような，RGB 信号から，YC_bC_r 信号に変換することをコンポーネント変換と呼ぶ。

JPEG 2000 では，つぎの 2 種類が用意されている。

（1） 可逆コンポーネント変換

厳密な意味で YC_bC_r 信号ではないために効率は若干落ちるが，後述する 5/3 可逆ウェーブレット変換と組み合わせることで，復号器で完全に元に戻せるので，画質の低下を起こさない。次式に従って，$Y_0Y_1Y_2$ 信号に変換する。

$$Y_0(m,n) = \left\lfloor \frac{p'_r(m,n) + 2\,p'_g(m,n) + p'_b(m,n)}{4} \right\rfloor$$
$$Y_1(m,n) = p'_b(m,n) - p'_g(m,n)$$
$$Y_2(m,n) = p'_r(m,n) - p'_g(m,n)$$

(2.5)

（2） 非可逆コンポーネント変換

YC_bC_r 信号に変換するが，後述する 9/7 非可逆ウェーブレット変換と組み合わせて用いることで符号化効率を上げることができる．ただし，非可逆のため，若干の画質低下を起こす．次式に従って，$Y_0Y_1Y_2$ 信号に変換する．

$$Y_0(m,n) = 0.299\,p'_r(m,n) + 0.587\,p'_g(m,n) + 0.114\,p'_b(m,n)$$
$$Y_1(m,n) = \frac{0.5}{1-0.114}\{p'_b(m,n) - Y_0(m,n)\}$$
$$Y_2(m,n) = \frac{0.5}{1-0.299}\{p'_r(m,n) - Y_0(m,n)\}$$

(2.6)

2.4.3 コンポーネント信号の標本化とタイリング

3種類のコンポーネント信号となったカラー画像データは，図 2.14(a) のように，グリッドの交点で与えられる標本点の集合体であると見なすことができる．一般に，輝度成分 Y_0 の劣化に対しては人間は敏感であるが，色の劣化に対してはそれほどでないために，色差成分である $Y_1(m,n)$ と $Y_2(m,n)$ に

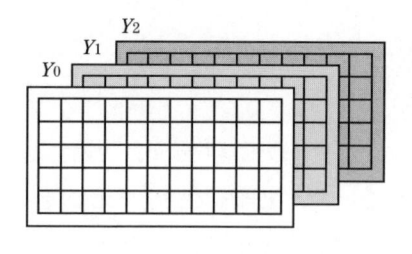

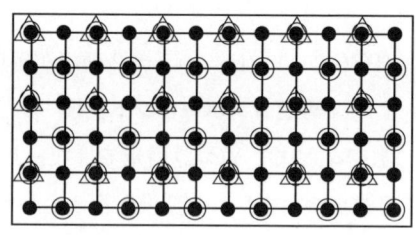

（a） コンポーネント信号のグリッドと標本点　　（b） 間引かれたコンポーネント信号の標本点

図 2.14 コンポーネント信号の標本化

ついては間引いて標本化されることがある．例えば，輝度成分 Y_0 に対して色差信号成分 Y_1 を 1/2，Y_2 を 1/4 に間引く場合，標本点を重ねて表すと図2.14(b)のようになる．このように，JPEG 2000 では，各成分の標本点を自由に定めることができるのが特徴である．

ところで，JPEG 2000 ではタイリングと呼ばれるタイル分割機能も用いることができる．これは，符号化単位をタイル状とすることで，符号化に必要なメモリ量などを削減でき，また，各タイルで異なる符号化方式を採用することができるために自然画像に人工的な線画が混在していても符号化効率を落とさないで済むなどのメリットがある．さらに，アスペクト比が異なる画像や解像度が異なる画像でもタイル分割によって，同一の符号化が適用できる．

図 2.15 に，アスペクト比 16：9 の画像をアスペクト比 4：3 のタイルで分割し，符号化する例を示す．

なお，このタイリングによって境界部分で不自然さが目立つことがある．

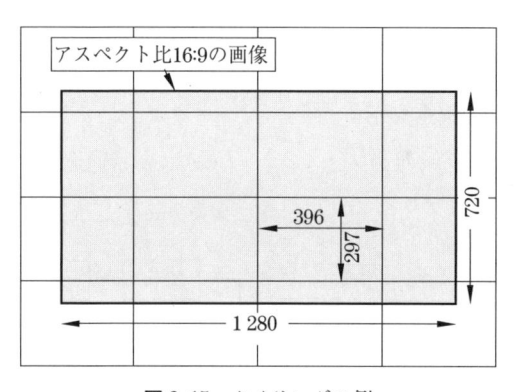

図 2.15 タイリングの例

2.4.4 ウェーブレット変換と量子化

ウェーブレット変換は，水平・垂直の周波数軸を等しい帯域幅で均等分割するサブバンド符号化とみなすことができる．**図 2.16** にサブバンド分解の様子を示す．

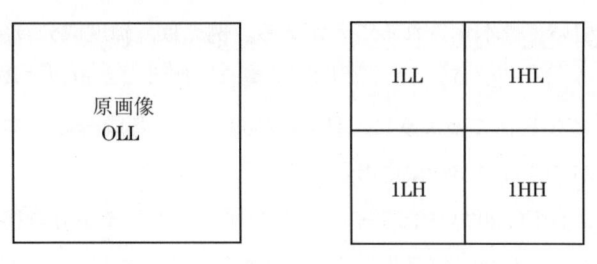

(a) 原画像（レベル0）　(b) レベル1のサブバンド分解

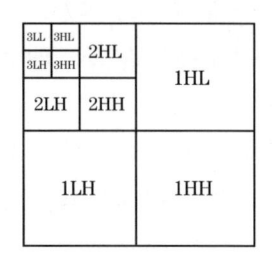

(c) レベル2のサブバンド分解　(d) レベル3のサブバンド分解

図 2.16　サブバンド分解の様子

図 2.17 に，レベル0からレベル1へのサブバンド分解のためのウェーブレット変換フィルタの構造を示す。

ここで，$H_0(z)$ は低域通過フィルタ，$H_1(z)$ は高域通過フィルタであり，↓2 は2：1のダウンサンプリング（間引き）を表す。

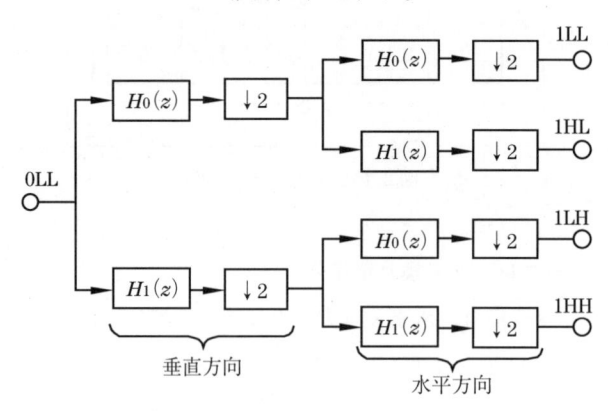

図 2.17　サブバンド分解のためのウェーブレット
　　　　　変換フィルタの構造

各フィルタの伝達関数は可逆変換と非可逆変換によってつぎのように設定される。

〈可逆変換〉

$$H_0(z) = \frac{-z^{-2}+2z^{-1}+6+2z^1-z^2}{8} \tag{2.7}$$

$$H_1(z) = \frac{-z^{-1}+2-z^1}{2} \tag{2.8}$$

〈非可逆変換〉

$$H_0(z) = b_4 z^{-4} + b_3 z^{-3} + b_2 z^{-2} + b_1 z^{-1} + b_0 + b_1 z^1 + b_2 z^2 + b_3 z^3 + b_4 z^4 \tag{2.9}$$

$$H_1(z) = c_3 z^{-3} + c_2 z^{-2} + c_1 z^{-1} + c_0 + c_1 z^1 + c_2 z^2 + c_3 z^3 \tag{2.10}$$

ただし,各係数の値は以下の通りである。

$b_0 = 0.602\,949\,018\,236\,357\,9$

$b_1 = 0.266\,864\,118\,442\,872\,3$

$b_2 = -0.078\,223\,266\,528\,987\,85$

$b_3 = -0.016\,864\,118\,442\,874\,95$

$b_4 = 0.026\,748\,757\,410\,809\,76$

$c_0 = 1.115\,087\,052\,456\,994$

$c_1 = -0.591\,271\,763\,114\,247\,0$

$c_2 = -0.057\,543\,526\,228\,499\,57$

$c_3 = 0.091\,271\,763\,114\,249\,48$

可逆変換の場合には出力が整数になるために量子化は必要ないが,非可逆変換の場合には図 2.18 のような量子化特性をもつ量子化器が用いられる。ここで,Δ を変えることで符号量を制御できる。

レベル 1 からレベル 2 へのサブバンド分解はレベル 1 の 1LL を図 2.17 のウェーブレット変換フィルタに通すことで行われ,同様に,レベル 2 からレベル 3 へのサブバンド分解もレベル 2 の 2LL をウェーブレット変換フィルタに通すことで行われる。

図 2.19 に,標準画像 Lena(512×512 画素)のサブバンド分解した画像を

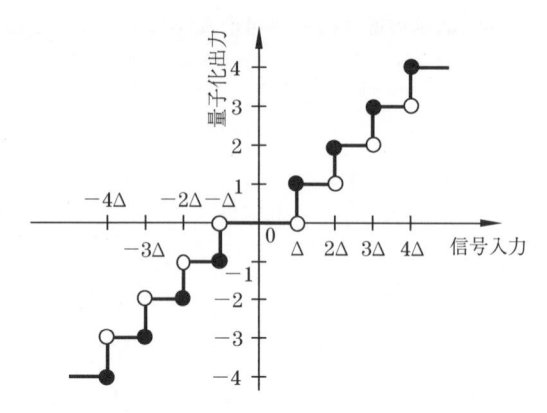

図 2.18　非可逆ウェーブレット変換係数の量子化特性

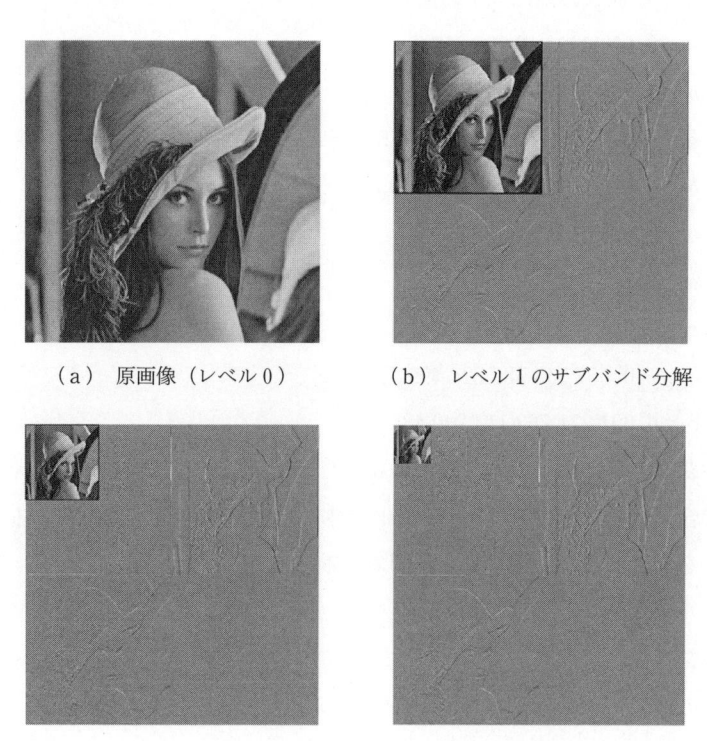

（a）　原画像（レベル 0）　　（b）　レベル 1 のサブバンド分解

（c）　レベル 2 のサブバンド分解　　（d）　レベル 3 のサブバンド分解

図 2.19　サブバンド分解した画像の例

示す。

図 2.19 のどのレベルの信号であっても，すべてを伝送し，復号すれば元の画像を再現できる。しかし，レベルが上がるほど灰色部分（信号では 0 付近の値）が増えていき，効率的な符号化が行える可能性が高いことがわかる。

2.4.5 EBCOT によるエンベデッド符号化

JPEG 2000 で採用されている EBCOT (Embedded Block Coding with Optimal Truncation) が，符号化特性を決定する重要な部分で，ウェーブレット変換係数のコードブロックへの展開から，係数ビットのモデリング，算術符号化，品質レイヤへの展開までの処理を指す。

（1） 係数ビットのモデリング

ウェーブレット変換で得られたサブバンド信号から算術符号化で必要な 2 値信号へ変換するのがモデリングである。まず，幅，高さとも 4～1 024 の範囲の 2 のべき乗整数値で，両者の積が 4 096 以下であるようなコードブロックに分割される。つぎに，一つのコードブロックの位置 (x,y) に含まれるウェーブレット変換係数 $q(x,y)$ は，図 2.20 のように正負の符号を表すビットプレーン $s(x,y)$ と値を表す K 層のビットプレーン $v_{K-1}(x,y)$，$v_{K-2}(x,y)$，…，v_0

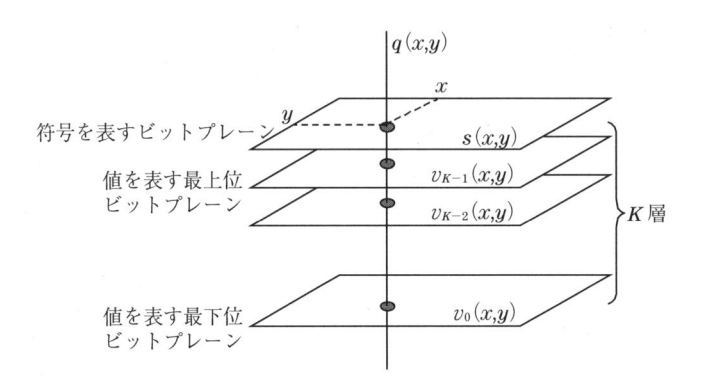

図 2.20 コードブロックのビットプレーンへの展開

(x,y) に展開される。

各ビットプレーンは，端から順々に Scan されるのではなく，例えば，コードブロックが 32×32 の場合，各ビットプレーンは，図 2.21 のように列方向 4 bit ずつ Scan され，それを 32 回繰り返すと，つぎの段の 4 bit を Scan していく。

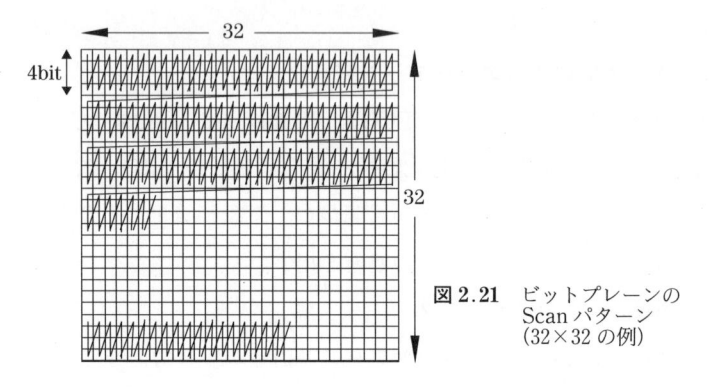

図 2.21 ビットプレーンの Scan パターン（32×32 の例）

このとき，つぎの三つのパスに基づいて符号化が施される。

① SP（Significant Propagation）パス

有意である係数が周囲にある有意でない係数の符号化

② MR（Magnitude Refinement）パス

有意である係数の符号化

③ CU（Cleanup）パス

上記①②に属さない残りの係数情報の符号化

ここで「有意」とは，その係数の上位ビットプレーンにおいて，すでに"1"であるビットが符号化されている状態を表す。また，「周囲」とはその係数の 8 近傍を指す。例えば，図 2.20 の最初の四つの係数である $q(0,0)$, $q(0,1)$, $q(0,2)$, $q(0,3)$ が 12，-5，1，5 である場合，ビットプレーン，符号化パスは図 2.22 のようになる。

各パスにおける符号化では，コンテクストベクトルというものが定義される。コンテクストベクトルとは，図 2.23 に示されるように，ある係数の近傍にあるビットの有意性の状況から決まるベクトルで，本来は 8 近傍あるので 256 通りあるはずであるが，対称性などを利用して 18 種類のコンテクストに

2.4 JPEG 2000 符号化技術

12	+
-5	−
1	+
5	+

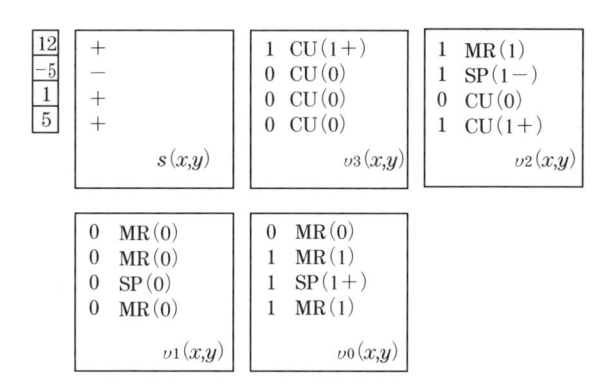

$s(x,y)$

1	CU(1+)
0	CU(0)
0	CU(0)
0	CU(0)

$v_3(x,y)$

1	MR(1)
1	SP(1−)
0	CU(0)
1	CU(1+)

$v_2(x,y)$

0	MR(0)
0	MR(0)
0	SP(0)
0	MR(0)

$v_1(x,y)$

0	MR(0)
1	MR(1)
1	SP(1+)
1	MR(1)

$v_0(x,y)$

図 2.22　ビットプレーンと符号化パスの例

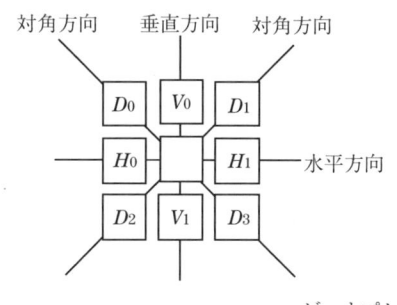

図 2.23　コンテクストベクトル決定に
利用される近傍係数

集約される．

各パスとコンテクストの関係は以下の通りである．

① SP (Significant Propagation) パス

図 2.23 のような八つの近傍係数の有意性を表すコンテクストベクトルは**表 2.3 の九つのコンテクストベクトルの一つにマッピングされる**．

SP パスは，その係数自身が有意でなく，周囲の係数が有意である係数に対して適用し，この条件に当てはまらない他のすべての係数はこのパスの符号化時にはスキップする．ここで定められたコンテクストラベルと係数ビットが，後段の算術符号器へ入力される．SP パスにおいて，係数ビットが有意に変化すると，引き続いてその係数の極性ビットを以下の方法で符号化する．

表2.3 各サブバンドごとの近傍係数によって決まる
コンテクスト (SPパスとCUパスが対象)

LLとLHサブバンド			HLサブバンド			HHサブバンド		コンテクスト
$\sum H_i$	$\sum V_i$	$\sum D_i$	$\sum H_i$	$\sum V_i$	$\sum D_i$	$\sum(H_i+V_i)$	$\sum D_i$	ラベルCX
2	—	—	—	2	—	—	≥ 3	8
1	≥ 1	—	≥ 1	1	—	≥ 1	2	7
1	0	≥ 1	0	1	≥ 1	0	2	6
1	0	0	0	1	0	≥ 2	1	5
0	2	—	2	0	—	1	1	4
0	1	—	1	0	—	0	1	3
0	0	≥ 2	0	0	≥ 2	≥ 2	0	2
0	0	1	0	0	1	1	0	1
0	0	0	0	0	0	0	0	0

極性ビットの符号化 係数の極性ビットを符号化するためのコンテクストは，垂直方向の近傍係数 V_0, V_1 もしくは水平方向の近傍係数 H_0, H_1 の有意性状態と極性値から，二つのステップを経て決定される．

Step 1：表2.4に基づいて，垂直近傍指標と水平近傍指標を定める．

表2.4 極性符号化のための垂直および水平近傍指標

V_0もしくはH_0 \ V_1もしくはH_1	有意である		有意でない
	正値	負値	
有意である 正値	1	0	1
有意である 負値	0	−1	−1
有意でない	1	−1	0

Step 2：表2.5に基づいて，極性ビットのコンテクストを決定する．

係数の極性は，表2.5のXORbitとの排他的論理和を計算し，その結果をコンテクストラベルとともに後段の算術符号器へ入力する．

② **MR（Magnitude Refinement）パス**

有意である係数の符号化で，表2.6に基づいて，三つのコンテクストに分類する．

表2.5 水平・垂直近傍指標に基づく極性のコンテクストラベル

水平近傍指標	垂直近傍指標	コンテクストラベル	XORbit
	1	13	
1	0	12	
	−1	11	0
	1	10	
0	0	9	
	−1	10	
	1	11	
−1	0	12	1
	−1	13	

表2.6 MRパスにおけるコンテクスト

$\sum H_i + \sum V_i + \sum D_i$	現係数の最初のMRパスか	コンテクストラベル
−	最初でない	16
≧1	最初である	15
0		14

③ CU（Cleanup）パス

上記①②に属さない残りの有意でない係数情報の符号化である。表2.3のような隣接係数のコンテクストと，ランレングス用コンテクストも利用する。つまり，CUパスでは，スキャンされる列内の四つの隣接する係数がすべてCUパスに属し，しかも，これら四つの係数の近傍の八つの係数がすべて有意でない係数の時には，ランレングス符号化を用いる。ランレングス符号化では，1列内の4連続係数ビットがすべて0であれば，シンボル値0を割り当てる。

一方，1列内の4連続係数の中に一つでも有意な係数が存在すれば，シンボル値1を割り当てる。その後，有意係数のある最初の位置を表す2bitを算術符号化する。この場合の0，1のデシジョンの確率分布は一様と見なせるので，18番目のコンテクストであるUNIFORMコンテクストが用いられる。

係数の極性については，上述した極性ビット符号化が用いられる．また，残りのすべての係数は SP パスと同じコンテクストで符号化される．なお，コードブロック内の係数スキャン時に 4 列より少なくなった場合には，ランレングス符号化は行われない．表 2.7 に CU パスの動作をまとめる．

表 2.7 CU パスの動作

列内の 4 隣接係数が未符号化で各係数が 0 コンテクストの条件	ランレングスによるシンボル	列内の 4 隣接ビットの状態	UNIFORM コンテクストで符号化するシンボル	符号化対象の係数の個数
満たされる	0	すべて 0	なし	なし
	1	0 でないビットが含まれる場合 第 1 の係数の極性符号化へ 第 2 の係数の極性符号化へ 第 3 の係数の極性符号化へ 第 4 の係数の極性符号化へ	MSB　LSB 0　0 0　1 1　0 1　1	 3 2 1 0
満たされない	なし	－	なし	列の残り

（2） 算 術 符 号 化

算術符号化とは，図 2.24 のように，シンボル 0 とシンボル 1 の発生確率がわかっている場合，複数の 0，1 からなる情報を右端の区間情報を表すインデックス情報に置き換えることで符号化するものである．

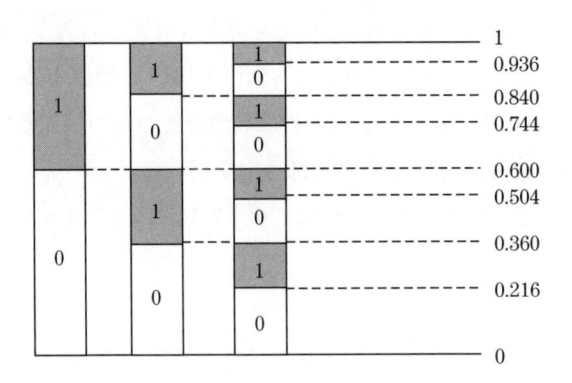

図 2.24 　算術符号化の模式図（3 シンボルからなる情報の場合）

例えば，シンボル0の発生確率が0.6でシンボル1の発生確率が0.4であるとすれば，010という情報は0.360〜0.504の区間情報を表すインデックス情報を与えればよいことになる。では，この区間を表すために何bit必要であろうか。どの区間のインデックス情報も他の区間のインデックス情報の先頭部分にならないこと（prefixにならないこと）を保証するには，次式を満足する必要がある。

$$L(x^{(m)}) = \left\lceil \log_2 \frac{1}{p(x^{(m)})} \right\rceil + 1 \tag{2.11}$$

ここで，$x^{(m)}$ は m 次の情報，$p(x^{(m)})$ はその情報の発生確率，$\lceil z \rceil$ は z 以上の最小の整数である。したがって，上式より010という情報の発生確率は0.144であるので，4bitが必要となる。実際，0〜1の区間を4bitで表すとすれば図2.25のようになり，低い方の量子化レベルである0110がインデックス情報となる。

1111	0.9375
1110	0.8750
1101	0.8125
1100	0.7500
1011	0.6875
1010	0.6250
1001	0.5625
1000	0.5000
0111	0.4375
0110	0.3750
0101	0.3125
0100	0.2500
0011	0.1875
0010	0.1250
0001	0.0625
0000	0

0.360〜0.504の区間 → 0110をインデックス情報とする

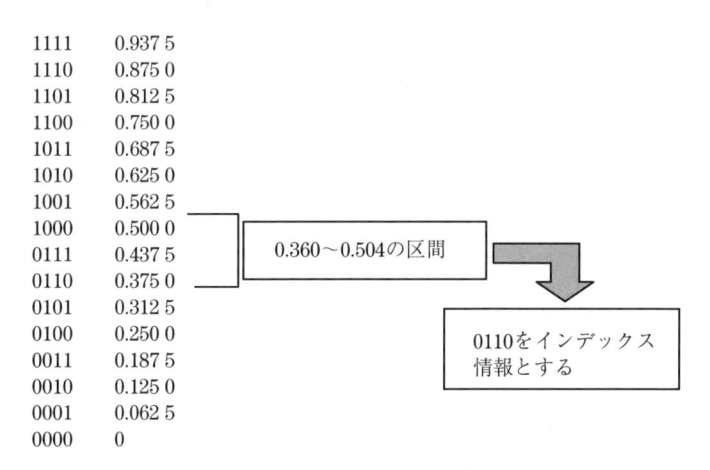

図2.25 インデックス情報の作り方

JPEG 2000では，0，1というシンボルの代わりに発生確率の高いシンボルMPS（More Probable Symbol）と発生確率の低いシンボルLPS（Less Probable Symbol）が用いられ，符号化される。一般的な算術符号化は，シンボル数が多くなるにつれて図2.25のように小数点以下の演算精度が要求され

るが，JPEG 2000 では，正規化と呼ばれるビットシフトにより整数演算だけで符号化される．

図 2.26 に JPEG 2000 の算術符号器のブロック図を示す．

```
D:Decision 0,1 ──→┐
                   ├─→ 算術符号器 ─→ CD:Compressed Data
CX:Context ───────→┘
```

図 2.26　JPEG 2000 の算術符号器のブロック図

シンボルの 0，1 であるデシジョン D とコンテクスト CX をもとにインデックス情報に相当する圧縮データ CD が出力される．

（3）レイヤへの分解とストリーム単位

算術符号化によりコードブロック単位で圧縮されたデータは，一つ以上のレイヤに分解される．レイヤとは，コードブロック中のビットプレーンの符号化パスで生成された圧縮データを，画像品質への寄与度に応じて階層化したもののことである．一方，各解像度レベルのサブバンド係数は，プレシンクトと呼ばれる領域に分割される．したがって，JPEG 2000 のデータストリームは，図 2.27 のように階層化され，順に復号していけば解像度が徐々に良くなっていくことになる．

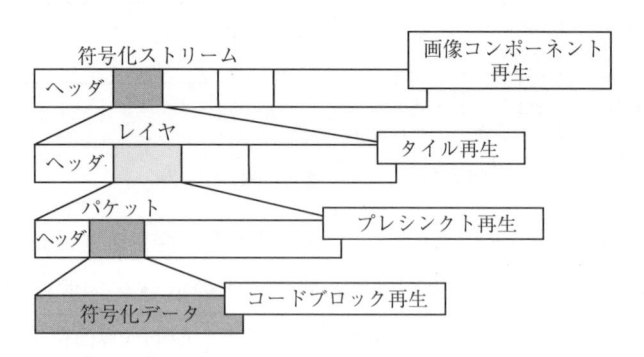

図 2.27　JPEG 2000 のデータストリームの階層構造

2.4.6 ROIの考え方

ROI（Region of Interest）とは，ある特定の画像領域を他の領域よりも上位レイヤにすることで符号化条件の優先度を上げ，その部分だけが相対的に高画質化するようにすることである．

画像のどの領域をROIとするかは，復号時にROIマスクを設定することで実現できる．例えば，図2.28(a)のように，帽子の部分をROIとして画質を優先的に上げるには各サブバンド係数領域でROIマスクを同図(b)のように設定する必要がある．

（a）　帽子領域をROIとした復号画像　　　（b）　サブバンド領域での
　　　　　　　　　　　　　　　　　　　　　　　　ROIマスク

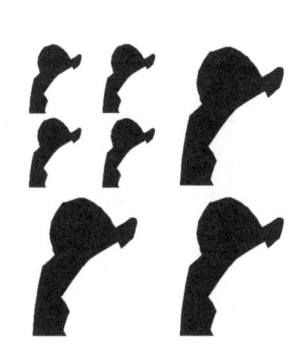

図2.28　ROIとROIマスク（解像度レベル2）

2.4.7 復号過程

復号は，重要な画像情報を持つレイヤから行われる．例えば，図2.29のような場合には，大きな流れとしては，まず3LLを復号し，極小画面（$M/8 \times N/8$）を再生する．つぎに，3HL，3LH，3HHの同じプレシンクトの上位レイヤから順に復号することで2LLを復号し，小画面（$M/4 \times N/4$）を再生する．その際，各プレシンクト内のコードブロックはラスタ順に復号される．以下同様に，中画面（$M/2 \times N/2$），大画面（$M \times N$）を再生する．

図2.30は，サブバンド合成のためのウェーブレット逆フィルタを模式的に

44   2. 静止画像の性質とJPEG・JPEG 2000

図2.29 レベル3のサブバンド構造

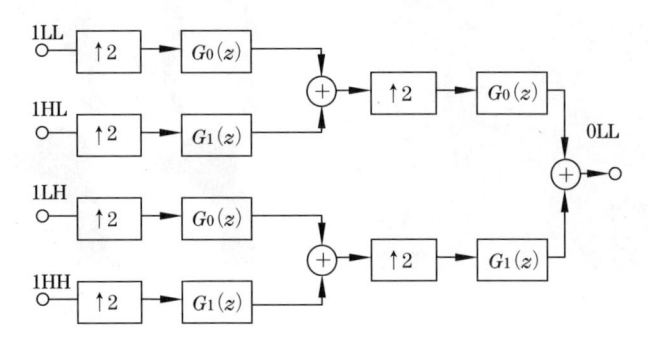

図2.30 サブバンド合成のためのウェーブレット逆フィルタ

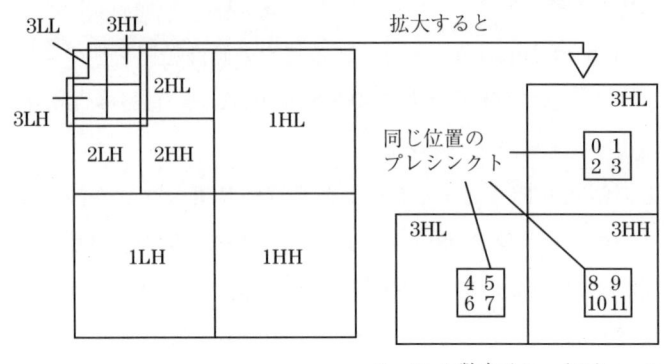

示したものである．図中，↑2は1:2のアップサンプリング，すなわち，補間を示す．また，$G_0(z)$，$G_1(z)$は以下のような式で与えられる．

〈可逆変換〉

$$G_0(z) = \frac{z^{-1}+2+z^1}{2} \tag{2.12}$$

$$G_1(z) = \frac{-z^{-2}-2z^{-1}+6-2z^1-z^2}{8} \tag{2.13}$$

〈非可逆変換〉

$$G_0(z) = d_3 z^{-3} + d_2 z^{-2} + d_1 z^{-1} + d_0 + d_1 z^1 + d_2 z^2 + d_3 z^3 \tag{2.14}$$

$$G_1(z) = e_4 z^{-4} + e_3 z^{-3} + e_2 z^{-2} + e_1 z^{-1} + e_0 + e_1 z^1 + e_2 z^2 + e_3 z^3 + e_4 z^4 \tag{2.15}$$

ただし，各係数の値は以下の通りである．

$d_0 = 1.115\ 087\ 052\ 456\ 994$

$d_1 = 0.591\ 271\ 763\ 114\ 247\ 0$

$d_2 = -0.057\ 543\ 526\ 228\ 499\ 57$

$d_3 = -0.091\ 271\ 763\ 114\ 249\ 48$

$e_0 = 0.602\ 949\ 018\ 236\ 357\ 9$

$e_1 = -0.266\ 864\ 118\ 442\ 872\ 3$

$e_2 = -0.078\ 223\ 266\ 528\ 987\ 85$

$e_3 = 0.016\ 864\ 118\ 442\ 874\ 95$

$e_4 = 0.026\ 748\ 757\ 410\ 809\ 76$

演 習 問 題

（1） 画像データの2次元自己相関を求め，図2.1のように表示するMATLABのプログラムを考えよ．

（2） カラー画像のRGB成分分布を図2.2(a)のように表示するMATLABのプログラムを考えよ．また，同図(b)のように任意の方向からその分布を観察できるプログラムを作れ．

（3） $M \times M$画素のDCT係数を求めるMATLABのプログラムを考えよ．

（4） JPEGにおいて，隣接するブロックのDCT係数の直流成分がつぎのような値であるとき，グループ番号はどのように変化するかを示せ．

　　10，13，18，50，35，29，29，30，100，100

また，グループ番号が4 bitの固定長で与えられるとするとこれらの情報をすべて送るには何bit必要か．

（5） 図2.10の可変長符号が$C_{g,r}$で与えられるとき，図2.8の交流係数をZigzag Scanした結果はどのような符号列となるかを示せ．

（6） JPEG 2000において，あるコードブロックの最初の4係数が

　　10，1，3，−7

であった．図2.22を参考にして，符号化パスを示せ．

3 動画像信号規格と符号化概要

3.1 動画像信号

3.1.1 概　　　要

静止画像は，さまざまなサイズ，階調，色表現をとるためにフォーマットも比較的柔軟であるが，動画像信号フォーマットは，機材の互換性や画像編集のために明確に規定されている．動画像信号は，伝送，記録，表示ともに放送規格に準拠したものが使用されているが，近年は放送のディジタル化に伴い解像度や目的に応じて多様化しつつある．

従来から存在するアナログ動画像信号としては，おおまかに日米韓のNTSC方式，欧州中国のPAL方式，露仏のSECAM方式がある．なお，PALとSECAMは，基本構造は共通で，色信号多重化方法のみが異なる．

ディジタル動画像信号は，日米で使われているNTSC互換の480i，そのプログレッシブ走査版の480p，アナログハイビジョンの流れから出てきた1080i，プログレッシブ走査のみの720pがある．PAL/SECAMに対応するディジタル動画像信号は576iである．MPEGなどの動画像符号化は，これらのディジタル動画像規格およびそのサブフォーマットに対して行われる．

表3.1に動画像信号の種別と機器接続を載せる．表でSDTVは従来からのテレビ放送，HDTVはハイビジョンである．なお，表中BNCおよびPinは信号とは無関係な汎用コネクタである．伝送記録機器はプロ（放送局用），民生（家庭用）ともに圧縮ディジタル信号が主流になりつつあるが，プロ機器の

3.1 動画像信号

表 3.1 動画像信号の種別と機器接続

動画像信号種別	信号形態	プロ用		民生用	
		記録機器	接続形態	記録機器	接続形態
SDTV コンポジット (NTSC, PAL, SECAM)	アナログ	−	BNC	VHS	Pin, S
	ディジタル	D2-VTR	SDI	−	−
SDTV コンポーネント (480i, 576i)	アナログ	β-CAM	BNC	−	D 端子
	ディジタル	D1-VTR	SDI	−	(BT.565)
	圧縮	Digi-β他	SDTI	DVD, DV	IEEE 1394
HDTV コンポーネント (1080i, 720p)	アナログ	−	BNC	W-VHS	D 端子
	ディジタル	D6-VTR	HD-SDI	−	HDMI
	圧縮	HD-CAM 他	SDTI	D-VHS	IEEE 1394

接続では非圧縮ディジタル信号が一般的である。

PC における表示フォーマットの一般的なものを表 3.2 に示す。80 年代の PC-AT 用であった VGA（Video Graphic Array）が基本であり，おおむね 5/4 倍づつ画素数が増加している。ラインフリッカを防ぐため走査構造はすべてプログレッシブ走査である。これらは，一元的に規格化されたものではなく，デファクト規格の集合である。

表 3.2 PC における表示フォーマット

	QVGA	VGA	SVGA	XGA	SXGA	UXGA
水平画素	320	640	800	1024	1280	1600
垂直画素	240	480	600	768	1024	1200
備 考	携帯端末	NTSC 互換		一般的		

VGA は垂直画素数が 480 で NTSC と類似し，インターレース化すれば通常のテレビでも表示できる。フレーム周波数は NTSC と同じ 60 Hz もあるが，フリッカを完全になくすため 72 Hz ないし 75 Hz に引き上げられている。これらのフォーマットでの録画機器はなく，符号化フォーマットとしても一般的でない。接続はアナログからディジタル（DVI-D）に移行している。

3.1.2 インターレース走査とプログレッシブ走査

　動画像の走査構造には，インターレース（飛越し）走査とプログレッシブ（順次）走査がある．走査構造の概要を**図3.1**に示すが，インターレース走査の場合，フィールド単位で交互に走査位置が変わり，2フィールドで1フレームが構成される．通常のテレビカメラは基本的にインターレース走査である．プログレッシブ走査は画像処理専用カメラなどでは一般的になっているが，放送用ではあまり使われていない．

　　　　奇数フィールド　偶数フィールド

　1/60 秒　　フレーム　　　　1/60 秒　　フレーム

　（a）インターレース走査　　　　（b）プログレッシブ走査

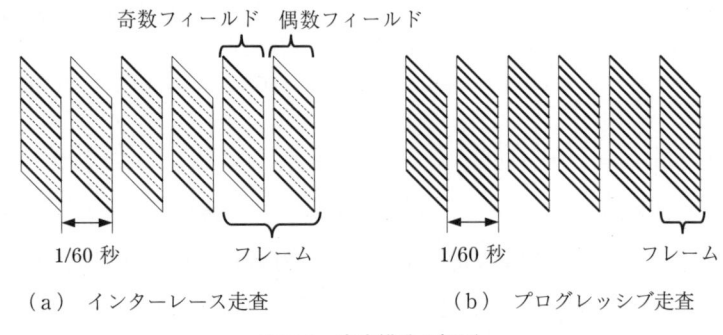

図 3.1　走査構造の概要

　映画などフィルムで撮影したものを電気信号化するとプログレッシブ走査となるが，毎秒60フレームではなく，毎秒24や30フレームとなる．この場合，そのまま表示すると激しいフリッカとなるので，毎秒60フィールドのインターレース走査のフォーマットとして扱われる．つまり，毎秒60フィールドのインターレース走査信号においても，画像の中味は毎秒24や30フレームのプログレッシブ走査の場合がある．

　それぞれの走査方法の特性を**表3.3**に示す．表中30p/60pは毎秒30/60フレームのプログレッシブ走査，60iはインターレース走査である．各値は，フレーム走査線数を同一とし，30pの場合を1.0とした場合の相対値である．

　インターレース走査は，垂直方向に動きがないと解像度低下がプログレッシブ走査の0.7倍ぐらいに留まるので，信号帯域に対して合理的である．このためテレビ放送の初期から使われており，撮像管で撮像しブラウン管で表示する

表3.3 インターレース走査とプログレッシブ走査の特性（相対値）

走査方式	信号帯域	水平偏向周波数	垂直解像度		水平解像度	時間解像度
			静止領域	動領域		
30p	1.0	1.0	1.0	1.0	1.0	1.0
60i	1.0	1.0	0.7	0.5*	1.0	2.0
60p	2.0	2.0	1.0	1.0	1.0	2.0

＊ 水平方向のみの動きの場合は0.7

場合は，電子ビームの状態を調整できるので，実現も容易であった。しかし，液晶やプラズマなどの表示デバイスは適正なインターレース走査が困難なので，信号をプログレッシブ走査に変換する必要がある。

30pは前述のようにそのまま表示することはできないので，60iとして扱われるが，この場合には垂直解像度は60iと同等となる。

時間経過を考慮したインターレース走査の構造を図3.2に示すが，走査の時間が進むに従って，上から下へ，また時間が後へずれる。またインターレース走査の場合，二つのフィールドは走査線の中間で区切られる。これより，インターレース走査のフレーム走査線数は必ず奇数となる。なお，このようになるのは偏向系を用いる撮像管やブラウン管による場合であり，固体撮像・表示系では空間位置も時間もずれない。しかし，同期信号等を含めた動画像伝送フォーマットは共通で，従来からのものが使われている。

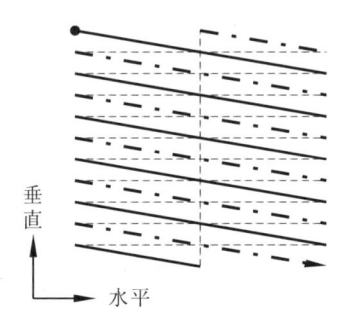

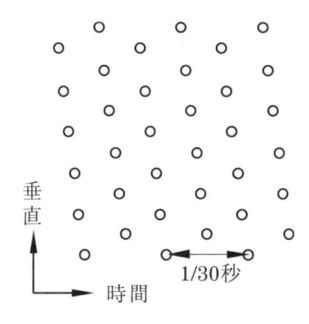

（a）空間走査構造　　　　（b）時間と垂直位置の関係

図3.2 時間経過を考慮した走査構造（インターレース走査）

3.1.3 コンポジット信号とコンポーネント信号

従来からの NTSC, PAL, SECAM は色差（R−Y, B−Y）信号が輝度（Y）信号に多重化されたコンポジット（混合）信号である。これに対して色差信号が別々となっているものをコンポーネント信号と呼ぶ。これは RGB 信号から NTSC へ変換する途中の過程で生じる信号であり，色差信号の帯域制限のみが行われた状態である。さらに R−Y, B−Y を IQ 軸に変換し，3.58 MHz の色副搬送波を変調して得た C 信号と Y 信号が S-Video の信号形態である。NTSC 信号形成の処理過程と各段階での信号を**図 3.3** に示す。

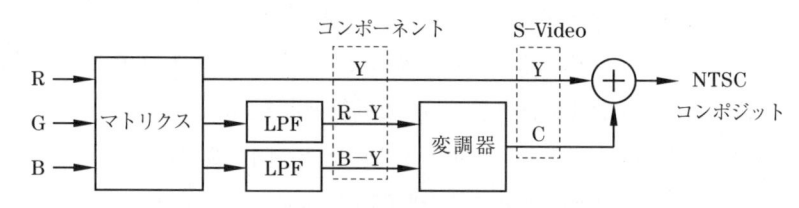

図 3.3 NTSC 信号形成の処理過程と各段階での信号

各信号の特性の違いを**表 3.4** にまとめる。コンポジット系における色差信号帯域は，民生機器の場合 0.5 MHz 程度に制限される場合が多い。一方，輝度信号帯域は放送では音声搬送波が 4.5 MHz にあるので，4.2 MHz に制限されるが，音声が別系の場合はその制限はなく，通常 6 MHz 程度まである。なお，コンポジット信号は SDTV のみで，HDTV では使われていない。

コンポジット信号は信号数が少なく合理的であるが，近年はコンポーネント信号が主流になりつつある。これは，コンポーネント信号の方が圧縮（高能率

表 3.4　各信号の特性

信号形態	信号数	輝度帯域	色差帯域	クロストーク
RGB	3	6 MHz	6 MHz	なし
コンポーネント	3	6 MHz	3 MHz	なし
S-Video	2	6 MHz	0.5〜1.5 MHz	なし
コンポジット	1	4.2〜6 MHz	0.5〜1.5 MHz	あり

符号化）や変換加工に適し，非圧縮状態での接続も同軸ケーブル1本（SDI）でコンポジットと変わらなくなっているためである．

3.1.4 動画像の撮像・形成

実際の動画像信号の性質は，撮像（形成）手段により異なる．おおまかに，ビデオカメラ，フィルム，コンピュータグラフィックス，アニメーションの4種類に分類できる．ここでは，MPEGなどの符号化と関係する時空間積分などの性質について述べる（表3.5）．

表3.5 画像形成手段と信号の性質

画像形成手段	ビデオカメラ	フィルム	CG	アニメーション
映像種類	自然画	自然画	創造画	作画
画像レート	60 fps	24/30 fps	30/60 fps	12〜30 fps
空間積分手段	光学	テレシネ	信号処理	光学
時間積分量	中	長	短	短
時間積分手段	PD蓄積	シャッター	信号処理	困難
ノイズ量	少ない	多い	ない	少ない
エンハンス	あり	なし	なし	あり

（1） ビデオカメラ

画像処理専用のカメラは別として，通常のビデオカメラは民生用もプロ用（業務用）も動画像信号規格に準拠している．ビデオカメラは時空間的に映像信号をサンプリングするものであるが，サンプリングの前に図3.4のような時空間積分が行われる．

空間積分量はレンズ，光学フィルタ，撮像素子の開口率により決まるが，プログレッシブ走査ではサンプリング定理に則ったものとなる．一方，インターレース走査での空間積分量は，垂直解像度を上げるためにフィールド走査線のサンプリングから決まる値より少なくする．その結果，静止または水平方向のみの動きでは，もう一方のフィールドとの組み合わせで垂直解像度が向上する反面，垂直方向に動きがある部分で折返し歪みが目立つことになる．

また，撮像自体はプログレッシブ走査で行い，ディジタルフィルタにより帯

52   3. 動画像信号規格と符号化概要

(a) プログレッシブ走査　　　(b) インターレース走査

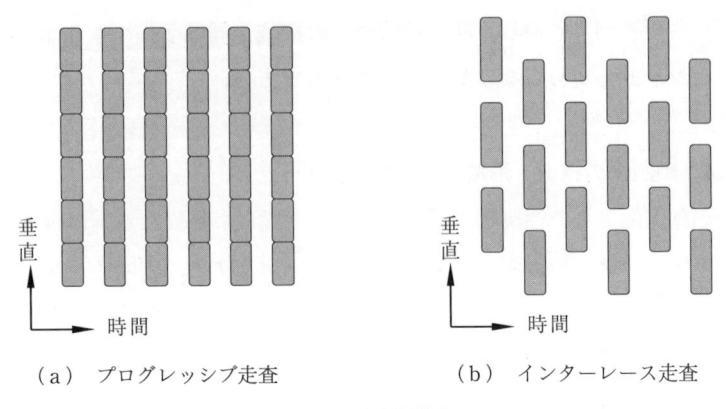

図 3.4　時空間積分

域制限してインターレース走査に変換する場合もある．さらに，スタジオ設備のHDTV（ハイビジョン）化に伴い，SDTV（従来テレビ解像度）信号はHDTV信号からの変換で信号形成されることも多くなってきている．

　時間積分の程度は，撮像素子の蓄積時間制御により，カメラや撮影状況で異なる．蓄積時間が長いとノイズは減るが，動きでボケを生じる．暗い場合にはノイズが問題となるので，蓄積時間を長くする．

　また，ビデオカメラにおいては空間エンハンス（高い周波成分の強調）が行われる．これは，総合的な画質を改善するために有効であったが，近年は受像機側でも空間エンハンス（シャープネス調整）が可能なので，カメラでのエンハンス量は少なめにされる傾向にある．

（2）フィルム

　かつてはテレビにおいても屋外ロケやドラマ撮影はフィルムが主流であった．現在でもTV-CMは多くがフィルムで撮影されている．また，映画はまだフィルム撮影が中心であり，解像度は16mmがSDTV相当，35mm STANDARDでHDTV相当，現在最も一般的なVISTAはそれ以上と見なされている．フレームレート（コマ数）は映画が秒24コマ，CMなどテレビ用は秒30（29.97）コマである．

　フィルムは本来走査構造を持たないが，テレシネ装置で電気信号に変換され

る際に，光ビーム直径により空間積分が起こる．ただし，最近ではオーバーサンプリングを行い電気信号にした後に，ディジタルフィルタで折り返し除去しながらダウンサンプリングすることで，信号を最適化する方向にある．

　時間積分の程度はフィルム撮像の際のシャッタ速度に応じて決まるが，コマ数が少ない場合，ある程度動きボケがあった方が動きがスムーズに見えるということもあり，あまりシャッタ速度を速くしていない．

　秒24コマを秒60フィールドに変換する場合には，1コマを2フィールドと3フィールドに交互に置き換える2：3 pull downが基本であるが，近年は動き補正処理なども用いられる．

（3）　**コンピュータグラフィックス（CG）**

　近年のコンテンツ製作においては，CGが多用されている．フレームレートは30が一般的であるが，映画の場合は24であるし，60の場合もある．要は処理コストとの兼ね合いである．

　時空間積分の状況は処理ソフトの程度により大きく異なり，簡易なものは時空間積分が少ないので，折り返し成分を多く含む．ビデオゲーム機はその典型的な例である．テレビ製作で使われるものは適正な画像となっており，さらに映画の場合は，動きボケについても実際の撮像にきわめて近いものとなっている．基本的にノイズはないが，映像の表現上わざと入れる場合もあるようである．

（4）　**アニメーション**

　アニメーションは，人が書いたセル画像を動かしながら撮影していたが，近年はCGの技術が随所に取り込まれている．カメラも古くはコマ撮りが行いやすいフィルムカメラであったが，最近はビデオカメラである．

　空間積分量は撮像するカメラに依存するが，最終的に表現できないディテールを書くことはないので，セル画像の段階ですでに帯域制限されているといえる．

　時間積分は，原理的に困難である．さらにコマ数が少ないにもかかわらず動きの不自然さが少ないのは，動画（セル画の移動）のテクニックと，そもそ

自然画像でないための視覚的許容があると思われる。

3.1.5 動画像の表示

従来ディスプレイはブラウン管が一般的であったが，近年異なったタイプのディスプレイが多くなってきている。ここでは動画像の符号化や処理に関係する走査や発光特性の概要を述べる。なお，直視，プロジェクションなど表示構造の違いには言及しない。また，以下問題とされている諸性能も改善されつつある（表3.6）。

表3.6 表示デバイスと特徴

方　式	ブラウン管	液晶	プラズマ	DLP	LED
形　態	自発光	透過	自発光	反射	自発光
発光物	蛍光体	ランプ	放電管	ランプ	半導体
発光時間	短	長	長	中	長
表示位置	変動	固定(変動)	固定	変動	固定
制　御	電圧	透過率	時間	反射角	電流
用　途	汎用	汎用	大型直視	投射型	超大型

（1）ブラウン管

電子ビームを蛍光体に当てて光らせるものであるが，表示スポットはビーム径およびマスクピッチで決まる。ビームの当たる位置が偏向走査の制御で変えられるので，走査線数が変更可能であり，インターレース表示も容易である。

走査は柔軟であるが，不安定にもなりやすく経年変化で表示位置ずれが起こる。そのため，通常のテレビ受像機では，画像の上下左右を5％くらいオーバスキャン（はみ出）して表示する。PCのディスプレイでは全画像が表示される必要があるので，逆に内輪に表示させる必要がある。

発光時間はかなり短く，1フィールド（1/60秒）の1/10以下であるため，動きボケはほとんど生じない。この点は動画像表示において，他のディスプレイにない利点である。

（2） 液晶ディスプレイ

　液晶ディスプレイは，光透過率を変えることで映像を表現するものである。PCのディスプレイではすでに主流となり，通常のテレビとしても多く使われている。直視型では薄く軽量なディスプレイが実現でき，プロジェクタにおいてもDLPと並んで，多用されている。

　実用上多大な利点がある反面，画質的には問題も多い。まず，透過型のため，階調表現において特に暗部の表現が難しい。構造的に各画素の開口率が100%とならず，折返し歪み（エリアッシング）を生じる。これは，直視型ではあまり大きな問題ではないが，素子が小型となるプロジェクタで顕著となる。

　動画像表示としては，応答速度も問題となっているが，この点は近年かなり改善されている。しかし，通常全時間発光（ホールド）となるので，動きボケを生じやすい。発光時間を短くすると，ボケが減る代わりに暗くなる。

（3） プラズマディスプレイ

　プラズマディスプレイは，超小型の放電発光管を配列したもので，大型直視型ディスプレイの主力となっている。画素の小型化に限界があるので，小型で高解像度のものは作り難い。

　自発光なので，暗部は液晶より良いが，輝度の制御は発光時間調節によるので階調を出しにくい。この問題は動領域で顕著となり，階調落ちによる疑似輪郭を生じやすい。

（4） DLP

　DLP（DMD）は，マイクロミラーを機械的に制御して反射率を変えるもので，プロジェクタとしてのみ使われる。液晶と比べて開口率が高く，階調表現力も高い。単素子でRGBを出す場合，色フィルタとの組み合わせはせず，時分割で制御されるので，動きのある画像で色ずれを生じる。

（5） 発光ダイオード（LED）

　青色LEDの実用化によりRGBが揃い，フルカラーのディスプレイに使用可能になった。しかし，現在は屋外超大型ディスプレイに限られる。

3.2 ディジタル動画像フォーマット

3.2.1 規格フォーマットの経緯と概要

現在おもに使われているディジタル動画像フォーマットを**表**3.7に示す。古くからのものとして，NTSCを直接ディジタル化したD2（SMPTE-244M）と，同じ走査線構造を持つコンポーネント信号をディジタル化したD1（ITU-BT.601）がある。D1，D2は，本来このフォーマットに準拠したディジタルVTRを指すが，画像フォーマットの名称としても使われている。

表3.7 ディジタル動画像フォーマット

略　称	NTSC(D2)	480i(D1)	576i(D1)	480p	720p	1080i
代表規格	SMPTE 244 M	ITU-R BT.601	ITU-R BT.601	SMPTE 293 M	SMPTE 296 M	SMPTE 260 M
全画素	910×525	858×525	843×625	858×525	1650×750	2200×1125
有効画素	(755)×483	720×486	720×576	720×486	1280×720	1920×1080
画像レート	60i	60i	50i	24/30/60p	24/30/60p	60i
アスペクト比	4:3	4:3/16:9	4:3/16:9	16:9	16:9	16:9

標準化はD1の方が古いが，放送局では経済的なD2が多く使われていた。D1はMPEGで使われるようになってから重要性が増してきている。D1は480iと576iの両方の規格を持ち，サンプリング周波数と水平画素数が共通なのが特徴である。これらはコンポジット信号を指すNTSC，PALではないが，便宜上は480iをNTSC，576iをPALと呼ぶことも少なくない。

新しい動画像フォーマットとして480p，720p，1080iの3種類があるが，国内のハイビジョン制作は1080iが主流になっている。480p，720pは，圧縮後の伝送用として検討されているが，対応機材は少ない。

3.2.2 民生機器でのフォーマット

民生機器も表3.7のフォーマットに合わせているが，厳密に規格に適合してはいない。ディジタル放送規格に対応したアナログコンポーネント接続規格と

してD端子があり，水平偏向周波数の低い順に，D1が480i（15.75 kHz），D2が480p（31 kHz），D3が1080i（34 kHz），D4が720p（45 kHz）に対応する．このD1～D4はプロ機器におけるD1～D9とは，まったく関係ない．民生用ディジタル接続としては，PC用のDVI-Dを拡張したHDMI（High Definition Multimedia Interface）がある．HDMIはオーディオ信号も伝送される．

3.2.3 符号化用サブフォーマット

符号化においては，伝送ビットレートに対する解像度と歪みのバランスや処理量の関係から表3.7の画像フォーマットでそのまま符号化せずに，サンプルダウンしたフォーマットが使われることがある．これらは画像フォーマットとしては規格化されていないものが多く，もっぱら圧縮用であり，非圧縮状態で入出力されることはない（**表3.8**）．

表3.8 ディジタル動画像のサブフォーマット

略　称	QCIF	QVGA	SIF	CIF	1/2 D1	3/4 D1	3/4 HD
水　平	176	320	352	352	352	544	1440
垂　直	144	240	240	288	480	480	1080
レート	15/30p	15/30p	30p	30p	60i	60i	60i
用　途	TV電話	1 seg.	V-CD	TV会議	DVDレコーダ		D放送

1 seg.：ディジタル地上波放送の移動体向け放送

3.2.4 有効画像部分と同期信号部分

動画像信号は，実際の画像に相当する有効画像部分と，リアルタイムでディスプレイ表示のための同期信号さらに補助信号の部分がある．近年のディスプレイでは必ずしも同期信号は必要ないが，すべての規格で有効画像部分以外がかなりの量を占める．480iでの例を**図3.5**に示すが480iは複雑であり

1）BT.601規格での有効画像：720画素×486ライン
2）NTSCでの実際の画像部分：約711画素×483ライン
3）MPEGでの480i符号化画像：720（704）画素×480ライン

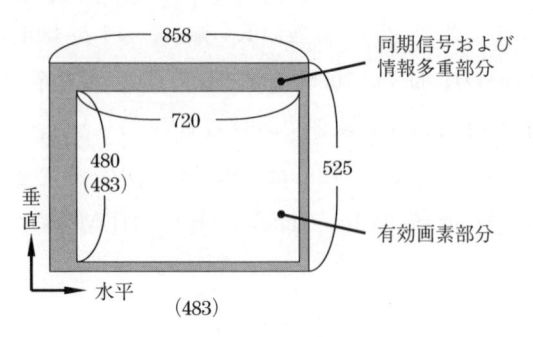

図3.5　動画像信号全体と有効画素（480i）

の間で，違いがあるので注意が必要である．これは，1）は2）の位置ずれに対して若干のゆとりを持って記録するためで，3）は16×16画素のマクロブロックに合わせるためである．

結果的に BT.601 画像は，有効画像の上下左右の末端部に実際の画像がない．また，インターレース走査上の理由で NTSC 有効画像部分の一番上と一番下の走査線は半分しかない．480 ラインが 486（483）ラインのどこに位置するかは，MPEG 規格では規約がなく，放送および DVD レコーダの規約として決められている．

3.2.5 輝度色差信号形成（4：2：2と4：2：0）

カラー動画像を実現するためには，RGBの3原色が必要である．一方，伝送の合理化や符号化処理のため RGB を輝度成分（Y）と色差成分（R−Y, B−Y）に変換して，さらに，色差成分は1/2にサブサンプル（サンプル数の低減）する．R−Y は V，B−Y は U とも呼ばれる．（U, V は本来 PAL での呼び名）NTSC では，色差の軸を I と Q に変えて変調多重化しているが，コンポーネント信号は輝度と R および B の差分そのままである．

$$Y' = 0.299\,R + 0.587\,G + 0.114\,B \tag{3.1}$$

$$R - Y' = 0.701\,R - 0.587\,G - 0.114\,B \tag{3.2}$$

$$B - Y' = -0.299\,R - 0.587\,G + 0.886\,B \tag{3.3}$$

ディジタル信号は次式で与えられるが，8 bit の場合，0〜255 に対して上下

にゆとりを持たせ，Y は 0（黒）が 16，1.0（100％白）を 235 に，R−Y，B−Y は 16～240 に割り振る．ここで，R−Y，B−Y は最大振幅で正規化されるが Y にも R と B の成分が含まれるので，R−Y，B−Y の振幅は Y の 2 倍ではない．

$$Y(8\text{ bit}) = 219\,Y' + 16 \tag{3.4}$$

$$C_r(8\text{ bit}) = 224[0.713(R-Y')] + 128 \tag{3.5}$$

$$C_b(8\text{ bit}) = 224[0.564(B-Y')] + 128 \tag{3.6}$$

4：2：2 とは，Y，C_b，C_r のサンプル周波数を示すもので，本来はサンプリング周波数 13.5 MHz を 4 としていたが，HDTV でも同様に表現され，近年は単に比率を表すと考えた方が良い．

非圧縮ディジタルコンポーネント信号は 4：2：2 が基本であるが，MPEG 等では 4：2：0 と呼ばれるフォーマットが使われる．4：2：0 はこの法則からすると C_r がなくなってしまうが，実際には垂直方向にも 1/2 サブサンプルさ

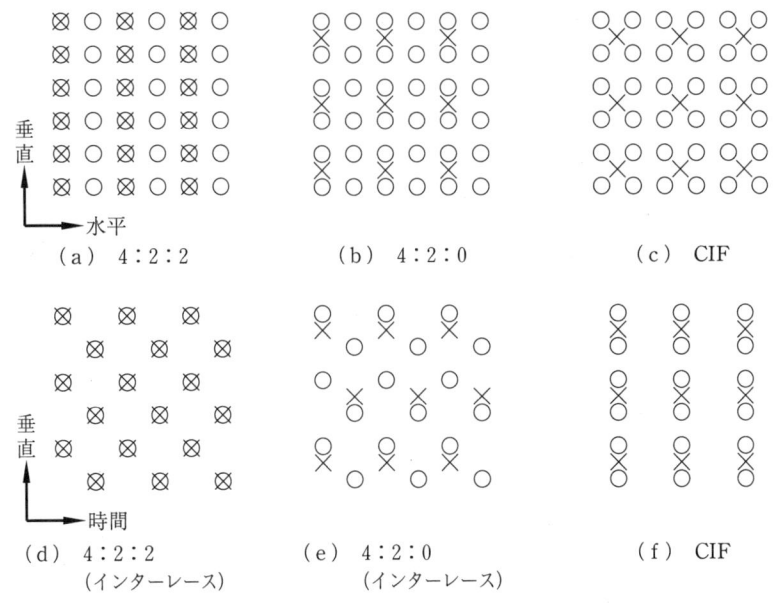

図3.6 4：2：2 および 4：2：0 のサンプル位置関係

○：輝度信号サンプル位置　　×：色差信号サンプル位置

れたものである.なお,4:2:0は表3.7の規格にはなくMPEG-2規格での規定である.

4:2:2および4:2:0のサンプル位置関係を図3.6に示す.ここで4:2:0は垂直位置が2ラインの中間になっている.インターレース走査の場合の位置関係は複雑である.例外として,SMPTE 294 M規格の480pの4:2:0は,MPEG規格と異なり,色差信号がインターレース走査となっている.

3.2.6 動画像の記録

ディジタルVTRで対応しているフォーマットの様子を表3.9に示す.なお,モデルにより対応フォーマットが限定される.DVCPRO,HD-CAMでは内部記録でサブサンプルが適用されるので,本来の1080iの解像度は保持されない.表中DCTはDCTを用いた専用方式,MPEG-4 SPのSPはStudio Profileである.

表3.9 ディジタルVTRの対応フォーマット

略称		方式	圧縮	NTSC	480i	576i	480p	720p	1080i
民生		DVC	DV		○	○			
		HVC	DV				○	○	○
プロ用		D 1	非圧縮		○	○			
		D 2	非圧縮	○					
		D 3	非圧縮	○					
		D 5	非/DCT		○	○	○	○	○
		D 9	DV		○	○			
		DVCPRO	DV		○	○	○		○
		D-βcam	DCT		○	○			
		HD-CAM	DCT						○
		HDCAM-SR	MPEG-4 SP					○	○

最近ではHDDを利用するノンリニア編集機も多用される.対応画像フォーマットは480iのみのものと720p,1080iまで対応可能なものがある.圧縮フォーマットはおおむねVTRに準じるが,VTRでは使われていないMotion-JPEGを用いたものもある.

3.3 動画像フォーマットの変換

3.3.1 変換処理構成

　動画像フォーマットは 3.2 節で示したように複数種類存在し，符号化ではサブフォーマットも使われる．また，ディスプレイにおける表示デバイスの画素数は入力される動画像フォーマットと必ずしも一致しない．そこで動画像フォーマットの変換が必要になる．

　処理内容は画素数やライン数の変換が基本であり，場合により走査構造の変換や画像レートの変換も必要になる．さらに，SDTV（480i）と HDTV（720p，1080i）の間では，画像アスペクト比やカラーマトリクス（式(3.1)～(3.3)）も異なるので，その対応も必要となる．

　各フォーマット変換で必要な処理は，変換前後の画像により異なる．代表的なものを**表 3.10** に示す．走査線構造やライン数が変らない（水平）画素数のみの変換は簡単である．また同一フレームレートのプログレッシブ走査画像での変換（例：720p → 480p）は，単に画素数やライン数を変えれば良い．

表 3.10　各フォーマット変換で必要な処理

変換例	i → p	p → i	レート	画素数	ライン数	カラー
480i → 1080i	(○)	(○)	—	○	○	○
1080i → 720p	○	—	—	○	○	○
480i → 1/2D1	—	—	—	○	—	—
576i → 480i	(○)	(○)	○	—	○	—
480i → QVGA	(○)	—	—	○	(○)	—
1080i → 480i	(○)	(○)	—	○	○	○

　これに対し，プログレッシブ走査画像からインターレース走査画像への変換およびその逆変換では走査線構造の変換が必須である．さらに，インターレース走査画像から異なったライン数のインターレース走査画像に変換する場合にも，一度プログレッシブ走査に変換してからライン数変換を行った方が良い．

表中（○）で示された部分である．これは，インターレース走査の各フィールドでライン数を変換すると，混入している折返し歪み成分が適正に変換されないためである．

変換フォーマットと処理構成の例を**図 3.7** に示す．（水平）画素数変換は基本的にはどの段階で行っても良いが，プログレッシブ走査変換などで動き補償の処理がある場合は，処理精度や処理量に影響する．

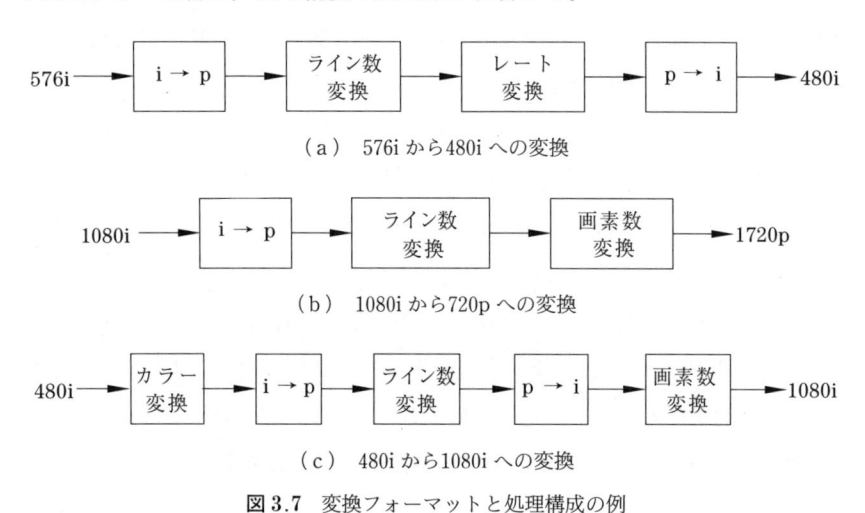

```
576i → [i→p] → [ライン数変換] → [レート変換] → [p→i] → 480i
```

（a） 576i から 480i への変換

```
1080i → [i→p] → [ライン数変換] → [画素数変換] → 1720p
```

（b） 1080i から 720p への変換

```
480i → [カラー変換] → [i→p] → [ライン数変換] → [p→i] → [画素数変換] → 1080i
```

（c） 480i から 1080i への変換

図 3.7　変換フォーマットと処理構成の例

3.3.2　リサンプリング（画素数・ライン数変換）

画素数やライン数の変換は，サンプリング定理に基づいて行われる．これは理想的な D/A 変換と A/D 変換を行ったのと等価な処理となる．実際にはフィルタが有限長のため多少の周波数特性の劣化と折返し歪みの混入を生じる．処理は，入力信号に対して異なった位相のディジタルフィルタを複数用意し，その出力を選択することで実現される．フィルタは画素数が増加してサンプル密度が高くなる場合（拡大）と，画素数が減少してサンプル密度が低くなる場合（縮小）で異なる．変換比は比較的簡単な整数比の場合が多いが，変換比が複雑な場合は，フィルタの種類が増える．

（1） 拡大（画素数増加）

画像拡大時は，周波数制限の必要がないので，全域通過フィルタ（APF）でサンプル位置のシフトのみを行う．**図 3.8** に 3/2 (480 画素→720 画素) の場合のサンプル位置の例を示す．この変換の処理構成例を**図 3.9** に示す．APF は**図 3.10** のような理想フィルタのレスポンスにおいて，サンプル位置をシフトさせることでタップ係数が決まる．位相①②③は 1/3 位相づつずれたもので，①はシフトなしで単純通過となる．図 3.10 は図 3.8 の位相③に対応する．

480 画素：○－－○－－○－－○－－○－－○－－○－－○－－○－

720 画素：①－②－③－①－②－③－①－②－③－①－②－③－①－②－③

図 3.8　3/2 の場合のサンプル位置の例

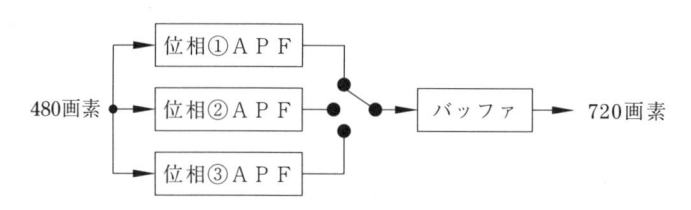

図 3.9　拡大（画素数増加）処理構成例

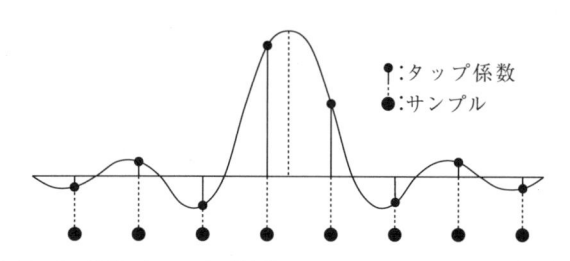

図 3.10　位相（サンプル位置）シフトフィルタのタップ係数例

（2） 縮小（画素数減少）

縮小時は，変換後のサンプルに合わせて帯域制限を行う必要がある．**図 3.11** は 2/3 に縮小する場合のフィルタタップ係数である．変換後サンプル（下）の理想フィルタ関数を変換前サンプル（上）でサンプリングしたものがフィル

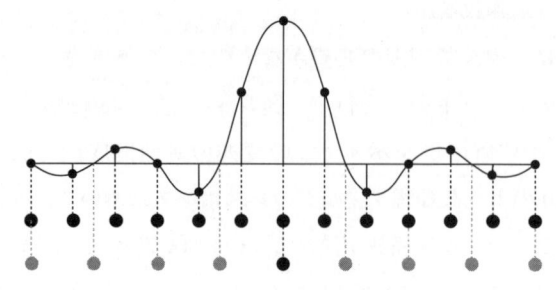

図 3.11　2/3 に縮小する場合のフィルタタップ係数

タタップ係数となる．拡大では，同位置のサンプルはそのままだが，縮小時は同一位置でも LPF が作用する．

3.3.3　走査構造変換
（1）　プログレッシブ走査化

プログレッシブ走査化は，インターレース走査で間引かれている部分の走査線を，周辺の走査線から補間することで実現される．補間方法は，大きく分けてフィールド内補間とフィールド間補間がある．それぞれの処理の方法を図 3.12 に示す．

フィールド内補間は画像の動きに関係なく補間できるが，つねにフィールド解像度しか得られなく，折返し歪みが残留する．フィールド間補間は，適切な

（a）フィールド内補間　　　　（b）フィールド間補間

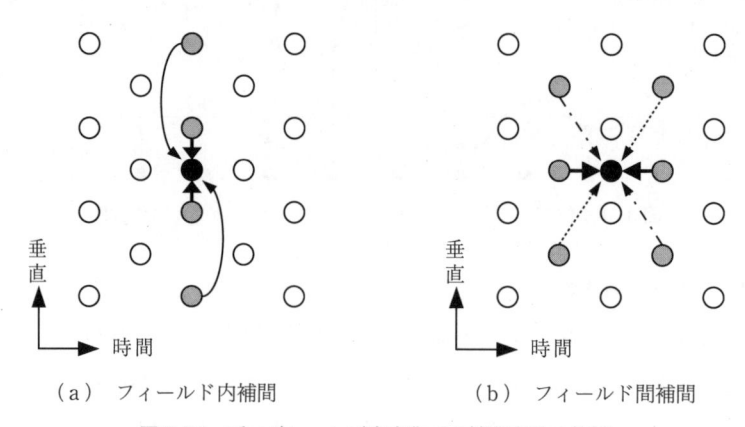

図 3.12　プログレッシブ走査化での補間方法の位置

らフレーム解像度が得られ，折返し歪みも抑圧される．しかし，完全に静止している場合以外は誤補間となる可能性がある．そこで，画像の動き（動静）に応じて2種類の補間方法を切り替える．切替えによる不連続性を起こさないために，2種類の補間信号の加算割合を徐々に変える．

その処理構成を**図 3.13** に示す．フィールド間補間に動き補償を用いると，ほとんどの部分でフィールド間補間が有利となる．ただし，誤動きベクトルが生じやすいので，その対策は必要である．

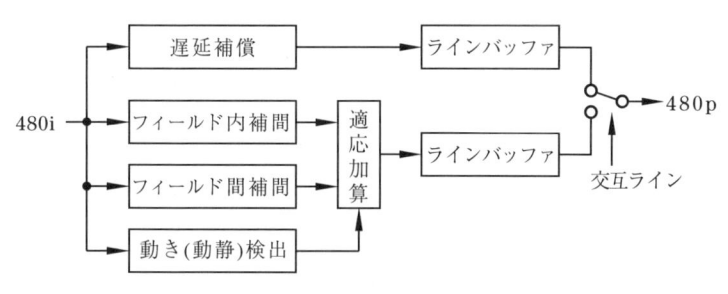

図 3.13 プログレッシブ走査化の処理構成

（2） インターレース走査化

インターレース走査はプログレッシブ走査が間引かれたものであるので，走査線の間引きにより容易に実現できる．ここで注意しなければならないのは，フレーム画像に対するプリフィルタリングで，プリフィルタなしの単純な間引も，サンプリング定理に従った帯域制限も不適当である．プリフィルタリングは，プログレッシブ走査のフレーム画像の垂直帯域をおおむね70％程度に制限する必要がある．この帯域制限値は，低すぎると解像度が低下し，高すぎるとラインフリッカが目立つ．

3.3.4 画像レート変換

画像レートの変換は，毎秒24コマのフィルムや，毎秒50フィールドの画像（PAL，576i）を毎秒60フィールドにする場合に用いられる．簡易的には同一コマをフィールド単位で繰返すことで実現される．毎秒24コマから60フィー

```
フィルム   | 1 | 2 | 3 | 4 | 5 | 6 |
24fps
```

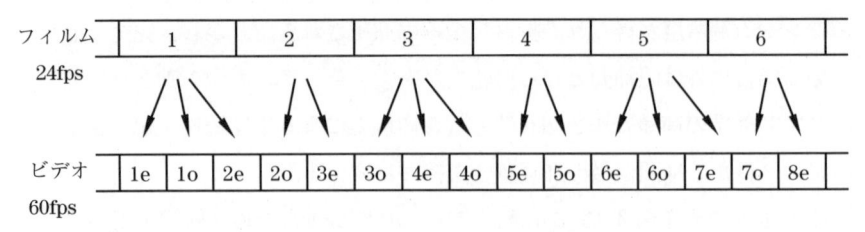

図3.14 フィルム（24 fps）からビデオ（60 fps）への変換

ルドへの変換は，2：3 pull down と呼ばれ**図 3.14** のようになる。

　しかし，単純な繰返しは，動きの大きな画像でジャダー（動きの不自然さ）を生じる。これを防ぐためには，動き補償を行うことになる。50 fps から 60 fps への変換と動き補償の様子を**図 3.15** に示す。動き補償を行わないで画像を補間すると，動きが小さいとボケを生じ，動きが大きいと 2 重像となる。

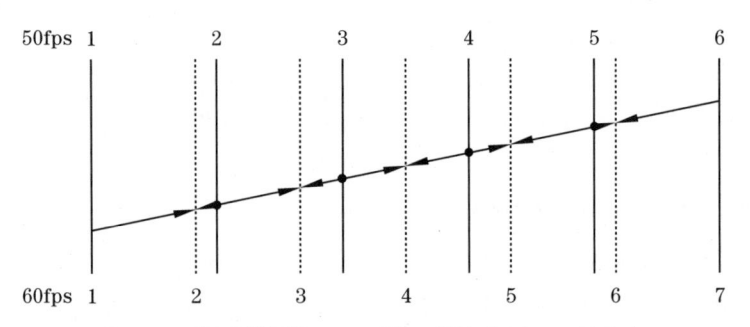

図3.15 動き補償画像レート変換の様子（50 fps → 60 fps）

3.3.5　画像アスペクト比変換

　画像アスペクト比（縦横の比）が異なる場合，その変換にはいくつかの処理方法がある。それらを，**図 3.16** に示すが，中間はいろいろな段階がありうる。いずれの場合も，画像欠落部分が生じる。画像をカットする処理では，絵柄の内容に合わせて，カットする位置（表示する位置）を移動させることが考えられる。これは，Pan & Scan と呼ばれ，MPEG-2 規格では，これに対応して表示中央位置情報が乗せられるようになっている。

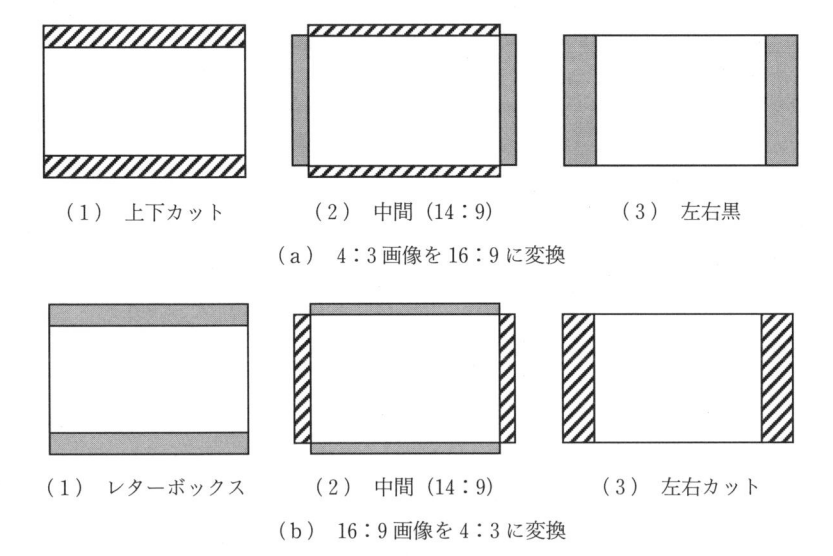

(1) 上下カット　　　(2) 中間 (14:9)　　　(3) 左右黒

(a) 4:3画像を16:9に変換

(1) レターボックス　(2) 中間 (14:9)　　　(3) 左右カット

(b) 16:9画像を4:3に変換

図 3.16　異なった画像アスペクト比への変換

3.4　動画像の符号化

3.4.1　動画像符号化の処理構成

(1) 動画像符号化の考え方

動画像符号化の最も基本的な処理は図 3.17 に示される構成となる。ここで，具体的な情報抽出（冗長性の排除）方法としては変換と予測がある。動画像の時間方向処理と空間方向処理にそれらを組み合わせると，表 3.11 のような処理形態が考えられる。

古くは両者が予測の符号化もあったが，動き補償の適用などから，時間方向

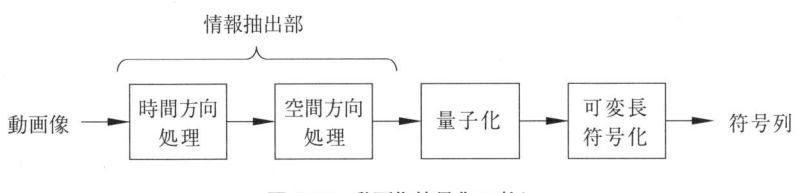

図 3.17　動画像符号化の考え

3. 動画像信号規格と符号化概要

表 3.11 動画像符号化の基本処理形態の組合せ

時間方向	空間方向	動き補償	符号化効率	研究例	実用化例
変換	変換	良	良	あり	なし
	予測	中	中	なし	なし
予測	変換	最良	最良	あり	あり
	予測	良	良	あり	過去にあり

の冗長性排除には予測が適し，空間方向には静止画像と同様に変換符号化が効率が良いので，すべての標準方式でこの組合せが採用されている．

時間軸への直交変換は，符号化効率上動き補償との相性が悪く，必要メモリ量や遅延が多い点から検討されてはいるが，実用に至っていない．情報抽出後の処理の考えは静止画の場合と同様であるが，動きベクトルなど時間軸処理で生じた付加情報を符号化する必要がある．

（2） 基本処理構成

時間方向処理を予測とした場合，動画像の高能率符号化は，フレーム間予測とその予測残差の符号化で構成される．この処理構成を図 3.18 に示すが，フレーム間予測では動き補償（動き補正）が用いられる．予測残差の符号化では静止画像と同様に直交変換として DCT が用いられる．

予測では参照画像として復号化器と同じ再生画像を用いるので，量子化された信号が局部復号部で復号化される．予測処理で注意すべきは，入来動画像から動き補償された参照画像（局部復号画像）が減算される点である．

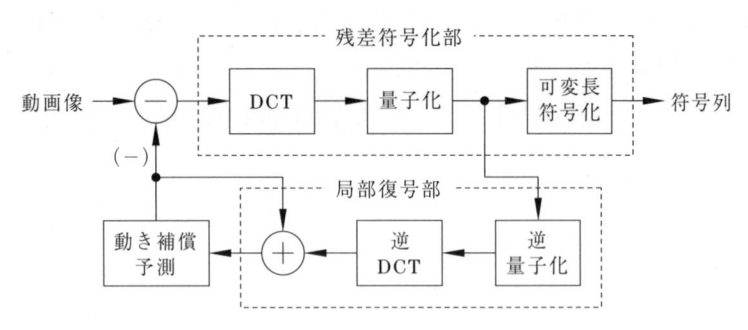

図 3.18 動き補償画像間予測符号化の処理構成

3.4.2 動き補償画像間予測
（1）基本処理

動き補償は，フレーム間予測の参照フレーム（減算する方の画像）を空間的に移動させるものである．この処理は被符号化フレームのブロック単位で行われる．画像内容に動きがない場合は，移動はなく被予測画素と同一位置の画素が用いられる．動きがある場合は，最も適合するブロックを探索し，移動量を動きベクトルとする．この処理の様子を**図 3.19**に示す．

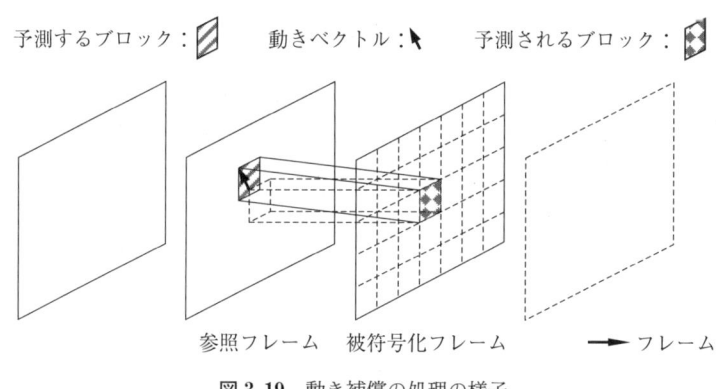

図 3.19 動き補償の処理の様子

注意すべき点は，予測参照画像が復号画像である点である．量子化誤差は，予測に反映されるので，つぎの予測残差符号化に引き継がれる．これにより，残留した量子化誤差は，数フレーム分溜まって大きくなった段階で解消される場合がある．

（2）ブロックサイズと動き補償精度

動き補償が行われるブロックサイズは 16×16 画素から 4×4 画素が使われる．ブロックサイズが小さい方がより精密な動き推定が可能となるので，予測残差は少なくなる．しかし，付随する動きベクトルの情報量が多くなるので，予測残差の情報量とのバランスが重要である．MPEG-1など基本的な規格は 16×16 画素のみで，規格が新しくなるに従って小さなブロックサイズまで使える．

動き補償の精度（空間移動単位）は 0.5 画素か 0.25 画素である．このような，1 画素以下の精度の場合，予測画像は画素補間処理により形成される．その例を図 3.20 に示す．補間方法（補間フィルタのタップ係数）は，規格により定義され，同じ精度でも規格により異なる．

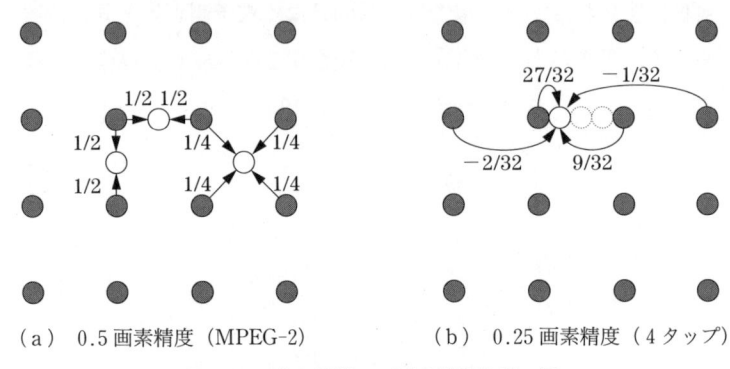

（a） 0.5 画素精度（MPEG-2）　　　（b） 0.25 画素精度（4 タップ）

図 3.20　動き補償での画素補間処理の例

（3）フレーム（ピクチャ）タイプ

画像間予測の関係により，各フレームは 3 種類のタイプのどれかに位置づけられる．フレーム間予測を行わないフレーム内独立(I)フレーム，過去のひとつの参照フレームから予測する片方向予測(P)フレーム，過去と未来の参照フレームから予測する双方向予測(B)フレームである．3 種類の予測関係と時間配置の例を図 3.21 に示す．

B フレームは，符号化効率を高める目的で MPEG 標準化以降使われるようになったものである．なお，インターレース画像の場合には，フィールド単位

片方向予測のみ　　　　　　　双方向予測あり

独立(I)フレーム　　片方向予測(P)フレーム　　双方向予測(B)フレーム

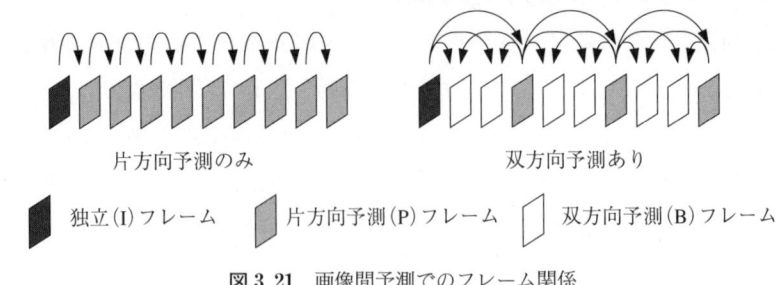

図 3.21　画像間予測でのフレーム関係

3.4 動画像の符号化　71

の場合もあるので，MPEG-2 規格ではフレームとフィールドの共通名をピクチャと呼ぶ．つまりピクチャはフレームとフィールドの両方がありうる．

　PフレームとBフレームは，予測の方向以外にも特徴がある．Pフレームは予測の参照画像となるが，Bフレームはならない．予測の参照画像となることは，量子化誤差が他に影響するが，参照画像にならない場合は他フレームへの影響がない．この違いは，符号化効率の改善や，スケーラブル機能で利用できる．新規格（MPEG-4 AVC，VC-1）では，Bフレームも参照画像と成り得るが，その場合は，この特徴は生かせない．

3.4.3　動　き　推　定

（1）　ブロックマッチング

　動き補償を行うためには，動きベクトルを求める必要がある．この処理を動き推定（Motion Estimation）と呼ぶ．処理の様子を**図 3.22** に示す．動き推定はブロックマッチングを基本とする．ブロックマッチングは，基本的には式(3.7)の二乗誤差によるが，通常より高速な処理が可能な式(3.8)の絶対値誤差が使われる．なお，フレームサイズ 720×480 画素，ブロックサイズが 16×16 画素，サーチレンジが±15 画素，精度が 1 画素の場合である．

$$SE(i,j,dx,dy) = \sum_{x=0}^{15} \sum_{y=0}^{15} \{P_n(16\,i+x, 16\,j+y) - P_{n-1}(16\,i+x+dx, 16\,j+y+dy)\}^2$$

(3.7)

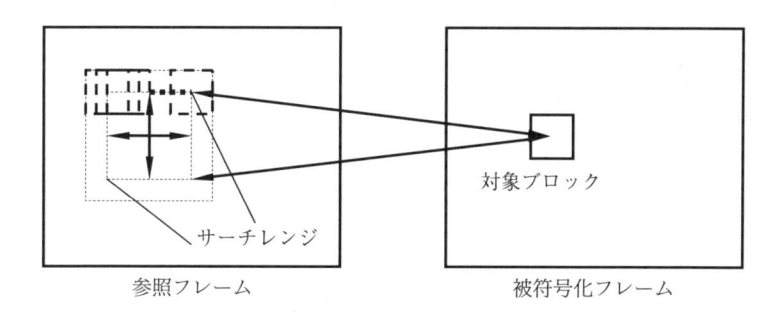

図 3.22　動き推定（動きベクトル検出）

$$AE(i,j,dx,dy) = \sum_{x=0}^{15}\sum_{y=0}^{15}|P_n(16\,i+x,16\,j+y)-P_{n-1}(16\,i+x+dx,16\,j+y+dy)| \tag{3.8}$$

ただし

n：フレーム番号

i,j：ブロック水平位置，垂直位置 ($i=0\sim44$, $j=0\sim29$)

x,y：ブロック内画素水平位置，垂直位置 ($x=0\sim15$, $y=0\sim15$)

dx,dy：動きベクトル水平成分，垂直成分 ($dx=-15\sim15$, $dy=-15\sim15$)

各ブロック (i,j) で，すべての動きベクトル (dx,dy) についてブロックマッチングを行い，最も少ない誤差を与える動きベクトルを，そのブロックの動きベクトルとする。

（2） 階層型動き推定

被符号化画像をそのままブロックマッチングで動き推定すると処理量が非常に多い。そこで一般的にサブサンプルされた縮小画像に対して動き推定を行う。水平垂直両方で半分にサブサンプルされた画像に対して処理すると，画素数が 1/4 で，探索範囲も 1/4 となるので，マッチング演算量は 1/16 となる。さらに半分にサブサンプルした場合，1/256 となる。

しかし，サブサンプルされた画像での動きベクトルは，実効精度も落ちているので，元の画像で再探索を行う必要がある。再探索は，サブサンプル画像で

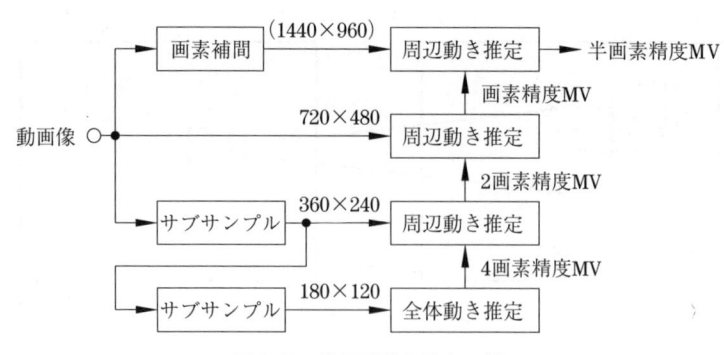

図 3.23　階層型動き推定の例

3.4 動画像の符号化　73

求められている動きベクトルの周辺のみとなる。標準解像度（720×480）画像に対して2段階のサブサンプルを行った場合の処理構成例を図3.23に示す。そこでの再探索の様子を図3.24に示す。

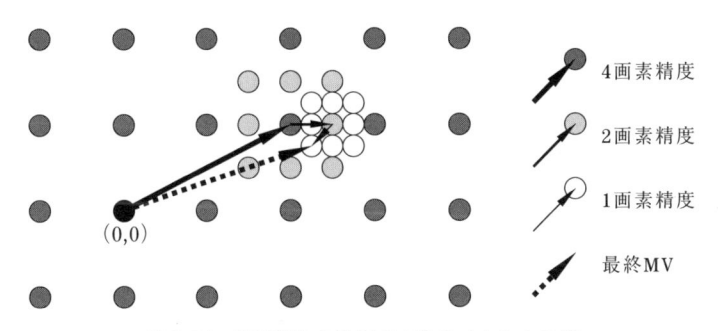

図3.24　階層型動き推定での動きベクトルの例

3.4.4　予測残差信号の符号化

予測残差信号の符号化は静止画像信号の符号化と類似する。しかし，信号の性質がやや異なるので，その違いを表3.12に示す。予測残差信号はDC（直流）成分はないので，すべてAC（交流）成分と見なして符号化を行う。また，アクティビティ（活性度）が低いので，可変長符号表も異なったものになる。

表3.12　静止画像信号とフレーム間予測残差信号の符号化の違い

項　目	静止画像信号	予測残差信号
変換手法	DCT，ウェーブレット	DCT
レンジ（8 bit）	0～255	−256～255
DC 成分	あり	なし
ブロック間相関	あり	なし
アクティビティ	大	小
ブロック形状	なし	あり

予測残差信号には動き補償のブロック形状が残留するので，動き補償のブロックとDCTのブロックは同期させた処理が望ましい。したがって，4：2：0画像，動き補償16×16画素，DCT 8×8画素の基本例において，DCTのブロ

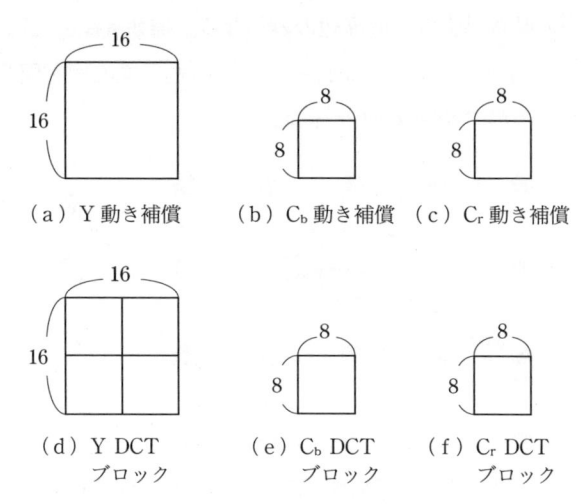

(a) Y 動き補償　(b) C_b 動き補償　(c) C_r 動き補償

(d) Y DCT ブロック　(e) C_b DCT ブロック　(f) C_r DCT ブロック

図 3.25　マクロブロック構造（4:2:0）

ックは図 3.25 のように，Y では動き補償ブロックが4分割されたもので，C では同一ブロックとなる。

　動き補償は Y と C で同期して行われるので一体化され，一つの動き補償ブロック（マクロブロック）に 6 個の DCT ブロックが存在することになる。

3.5　動画像符号化規格

3.5.1　動画像符号化の標準化

　現在用いられている動画像符号化は，おもに国際標準化機関で制定された標準方式である。標準化は ITU（旧 CCIR と CCITT）および ISO/IEC で行われてきた。代表的なものを表 3.13 に示す。本格的な動画像標準方式は CCITT（当時）の H.261 に始まり，ブロック単位の動き補償画像間予測と予測残差の DCT 符号化という処理形態は，最新の MPEG-4 AVC（H.264）まで共通である。

　MPEG-1 は CD-ROM 応用を主目的に標準化され，双方向予測（B-picture）の適用や動き補償の高精度化により H.261 よりかなりの効率改善が

3.5 動画像符号化規格　75

表3.13 動画像符号化の国際標準方式

ISO/IEC 名	–	MPEG-1 (11172-2)	MPEG-2 (13818-2)	MPEG-4 (14496-2)	MPEG-4 AVC (14496-10)
ITU 名	H.261	–	H.262	(H.263)	H.264
規格制定年	1988	1993	1994	1998	2003
応用対象	TV電話	CD-ROM	汎用	移動体	汎用
おもな画像	352×288	352×240	720×480〜1920×1080	176×120〜352×240	320×240〜1920×1080
おもなレート	384 kbps	1.1 Mbps	4〜24 Mbps	64〜512 kbps	320 k〜10 Mbps

達成された。続けて放送など汎用目的にMPEG-2が標準化され，インターレース走査対応などの導入でHDTVまで応用可能になった。

なお，MPEG-2とH.262，MPEG-4 AVCとH.264は，完全に共通方式で標準化組織により名称のみが異なる。また，MPEG-4の基本部分はH.263のものがそのまま使われている。

3.5.2 標準方式の技術概要

各方式の処理内容の違いをおおまかに**表3.14**に示す。規格が新しくなるに従って，動き補償（MC）ブロックの細分化（16×16 → 4×4），動き補償精度の向上（1画素→ 0.25画素），算術符号の適用が図られている。

H.261およびMPEG-1の技術内容は，4章で示されるMPEG-2におおむ

表3.14 動画像符号化国際標準方式の技術概要

技術項目	H.261	MPEG-1	MPEG-2	MPEG-4	MPEG-4 AVC
ピクチャ	P	I/P/B	I/P/B	I/P/B	I/P/B
インターレース	–	–	Frame/Field	Frame	Frame/Field
MCサイズ	16×16	16×16	16×16/16×8	16×16/8×8	16×16〜4×4
MC精度	1	1/0.5	0.5	0.5	0.25
直交変換	8×8 DCT	8×8 DCT	8×8 DCT	8×8 DCT	4×4 DCT [1]
VLC	Huffman	Huffman	Huffman	Huffman	算術符号
相対効率[2]	1.0	0.6	0.6	0.5	0.3

[1]：厳密にはDCTではない。[2]：352×240画素画像でのおおまかな相対レート

ね含まれる．MPEG-4 については 5 章で，MPEG-4 AVC (H.264) については 6 章で解説される．

3.5.3 標準方式の応用

各方式は多くの機器で使われている．それらを**表 3.15** に示す．表からもわかるように，現在主力は MPEG-2 であり，低レート向けに MPEG-4，新規システムに MPEG-4 AVC (H.264) が応用されようとしている．

表 3.15 動画像符号化国際標準方式の応用

応用分野	H.261/263	MPEG-1	MPEG-2	MPEG-4	MPEG-4 AVC
通信	TV 電話 TV 会議	—	素材伝送	携帯電話	—
放送	—	—	衛星放送 地上波放送	ネット配信	地上波 移動体放送
蓄積媒体	—	Video-CD	DVD	メモリカード	HD-DVD Blu-Ray

H.261 以外はライセンスがあり，商業使用ではライセンスを得る必要がある．MPEG-1 は Video-CD に組み込まれているが，MPEG-2, 4, AVC は MPEG License Association において管理されており，条件（料金）が一般に公開されている．新方式は複数存在するので，ライセンス条件も方式選択上重要になってきている．

3.5.4 動画像フレーム内符号化方式

動画像符号化では，MPEG 等のフレーム間予測符号化が一般的であるが，画像編集を行う場合には，フレーム内符号化が用いられる．現在使われている代表的なものを**表 3.16** に示す．Motion-JPEG は動画としてのフォーマットは規格外で複数種類存在する．DV は VTR 用の非常に厳格なフォーマットであり，レート（25 Mbps，一部プロ用は 50 Mbps）や，マクロブロックでの制御方法が規定されている．MPEG-2 や MPEG-4 の I ピクチャのみの場合や，D5 や HD-CAM などの媒体専用方式もある．

表3.16 動画像フレーム内符号化方式

方式名	Motion-JPEG	DV	Motion-JPEG 2000	MPEG-4 Studio Profile
規格化	ISO/IEC	DVC-forum	ISO/IEC	ISO/IEC
カラー画像	4:2:2等	4:1:1(4:2:2)	4:2:2他	4:2:2/4:4:4
対象画像 bit	8 bit	8/10 bit	〜64 bit	8〜12 bit
変換手法	DCT	DCT	ウェーブレット	DCT
Fr/Fi切替	○/○/−	○/−/○	○/○/−	○/○/○
応用	NLE	DVC, DVCPRO	未	HDCAM-SR

独立符号化の単位として，フレーム（表中 Fr）とフィールド（表中 Fi）がある．インターレース走査対応とするためには，フィールド単位で符号化するか，マクロブロック単位でフレームとフィールドを切替える必要がある．フレーム単位のみでは動きの大きな部分で効率が著しく低下する．これら3種類の処理単位の様子を**図 3.26**に示す．図で縦8個の○が同一フィールド内の8画素に相当する．

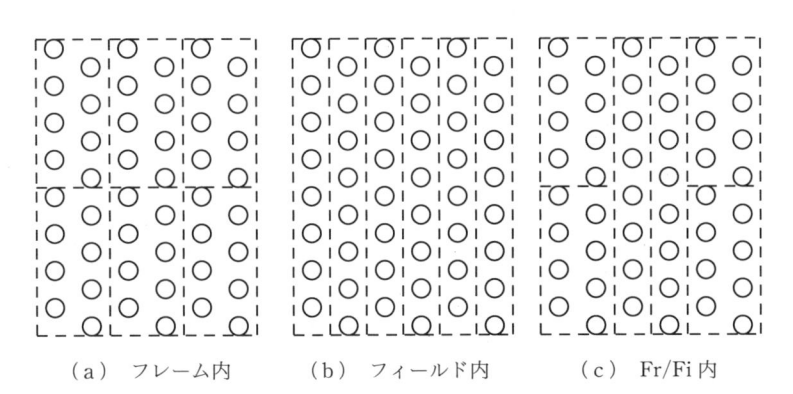

(a) フレーム内   (b) フィールド内   (c) Fr/Fi内

図 3.26 インターレース走査対応

符号化効率は，プログレッシブ走査画像では JPEG と DV が同等，MPEG-4 がやや優れ，JPEG 2000 が最も良い．インターレース走査画像では，適応切替え構造を持つ DV や MPEG-4 が有利となる．JPEG 2000 はウェーブレット変換なので適応切替えが困難で，インターレース走査画像に対応しにくい．

演 習 問 題

(1) NTSC信号（走査線数525本，フィールド周波数59.96 Hz，インターレース走査）の水平同期周波数を求めよ．
(2) 1080i信号（水平総画素数2 200，垂直総ライン数1 125，水平有効画素数1 920，垂直有効ライン数1 080，フィールド周波数59.94 Hz，インターレース走査）の総画素レートおよび有効画素レートを求めよ．
(3) 動画像フォーマット変換で720pから1080iに変換する際に必要な変換処理項目を挙げよ．
(4) 480i信号（水平有効画素数720，有効ライン数480）を4：2：0で符号化する際の1フレーム中のDCTブロック数を求めよ．ただし，DCTサイズは8×8画素とする．

4 MPEG-2

4.1 規格概要

4.1.1 規格の経緯

80年代後半，ITUにおいて画期的な動画像高能率化方式としてH.261方式の見通しが立ち，同時期にISO/IEC SC 2-WG 8において静止画像用標準方式（JPEG）がまとまりつつあった．H.261はテレビ会議などをおもな応用としていたが，WG 8内に蓄積媒体用動画像符号化のためのMPEG（Moving Picture Experts Group）を発足することとなった．

MPEGでは主応用をCD-ROMとし，方式提案を募集した．これに対し15方式の提案があり，H.261をベースに双方向予測（B-Frame）や半画素精度動き補償などの新技術を導入してMPEG-1方式が標準化された．MPEG-1は当初の目的通りCD-ROMに応用されVideo-CDとなった．

MPEG-1は予想を上回る高能率であり，勢いを得て放送などに使える汎用方式を標準化することになった．これに対し33方式が提案されたが，MPEG-1を基本とする方式が上位を占めたので，MPEG-1にインターレース走査対応技術を導入することとなった．94年11月に正式に国際標準となり，今日ディジタルメディアの主流となっている．

MPEGがそれ以前の標準化と比較して画期的なのは，符号化効率の高さもあるが，大規模な主観評価実験を行って方式選定を行った点と，特許プール方式による新しいライセンス形態を採用した点である．

4.1.2 規格の構成

MPEG-2規格（ISO/IEC-13818）は，現在**表4.1**に示される1から11のPartで構成されている。（8は欠番）ただし，主たる規格部分はPart 1，2，3であり，他は補助的なものである。Part 1はSystemと呼ばれるが，データ多重化に関し，Part 2（Video）は映像符号化，Part 3（Audio）は音声符号化に関するものである。それぞれは独立して使うことができ，SystemとVideoは通常ペアで使われるが，Audioは他方式と入れ替えられることも多い。

表4.1 MPEG-2規格（ISO/IEC-13818）の各部

Part	名称（内容）
Part 1	System
Part 2	Video
Part 3	Audio
Part 4	Conformance testing
Part 5	Software simulation
Part 6	Extensions for DSM-CC (Digital Storage Media Command and Control)
Part 7	Advanced Audio Coding
Part 9	Extension for real time interface for systems decoder
Part 10	Conformance extensions for DSM-CC
Part 11	IPMP on MPEG-2 systems

本章で解説するのはPart 2（Video）である。なお，規格文書はISO/IECから有償配布されており，誰でも見ることができる。MPEGのVideo規格は，基本的にデコーダに関する規格であり，エンコーダには制限を付けていない。つまり，デコーダは厳密に規定されるが，エンコーダは規格デコーダで復号できる範囲で自由度がある。

4.1.3 Profileと応用

MPEG-2 Video規格は，いろいろな目的に対応するために総合的なものと

なっており，すべてを常時必須とすることは不合理である。そこで，Profile（プロファイル）と呼ばれる技術の実施範囲規定を設けている。

Profile は規格として記載されている技術を，実際にどこまで実施するかで区切ったものであるが，比較的限定されたものから，多くの技術を含むものまで設定される。また，規格文書に記載されながら，現在はいずれの Profile にも含まれない技術もある。

MPEG-2 には現在**表 4.2** に示される 7 種類の Profile が存在するが，実際使われているのは Main と 4：2：2 のみで，他は使われていない。Simple は，一般的な応用装置やデコーダはないが，B-picture のエンコードができないものは便宜上 Simple Profile のエンコーダと呼ばれている。Main Profile と Simple Profile は略して MP，SP と呼ばれることも多い。

表 4.2　MPEG-2 の Profile

Profile	おもな技術	目的	備考
Simple (SP)	B-picture なし	低価格	
Main (MP)	基準	一般	
SNR	+SNR	簡易階層化	
Spatial	+Spatial	階層化	
High	+SNR+Spatial+4：2：2	全機能	
Multi View	Spatial 類似	ステレオ画像	Ver.2 で追加
4：2：2	Main+4：2：2	放送局用	Ver.2 で追加

SNR と Spatial は，ストリームの部分復号を可能とする Scalable 機能に関し，SNR は同解像度で品質（Signal to Noise Ratio）のみ異なる画像の階層化であり，Spatial は HDTV と SDTV など空間解像度も変るものである。4：2：2 は，4：2：2 フォーマットの信号に対応したものでプロ用の機器で使われている。High は以上の Profile のすべての技術を含むものである。Multi View はステレオ（立体）画像用である。

4.1.4　Level と画像フォーマット

MPEG 規格における Level とは，処理量（パラメータ）の規定で，すべて

のパラメータを満足する処理能力を持つものが，その Level のデコーダとなる．したがって，技術内容の規定である Profile と組合わされて設定される．実際使用可能な Level は，**表 4.3** において各 Profile で○のもののみであり，これ以外はパラメータが定義されていない．

表 4.3　Profile と Level（○が使用可）

Level	Simple	Main	SNR	Spatial	High	Multi	4:2:2
High		○			○		
High 1440		○		○	○		
Main	○	○	○		○	○	○
Low		○	○				

Level は処理量の規定であるが，実質的には主要画像フォーマットに合わせて決められており，Low が CIF，Main が 480i/576i，High 1440 が 3/4 の 1080i，High が 1080i/720p に対応する．ただし，あくまでデコーダ能力の規定であり，符号化画像フォーマットを制限するものではない．

Main Profile では，すべての Level が設定されており，その値を**表 4.4** に示すが，諸パラメータは Low : Main : High 1440 : High が，おおむね 0.25 : 1 : 4 : 6 の関係となっている．表 4.4 で，S は画素レートであり，H（水平画素数）×V（ライン数）×F（フレームレート）の値より低い．

表 4.4　Main Profile の各 Level の設定

Level	$H/V/F$	S(Ms/s)	bitrate	Buffer	Format 例
High	1920/1088/60	62.688	80 Mbps	9 781 248 bit	1080i，720p
High 1440	1440/1088/60	47.001 6	60 Mbps	7 340 032 bit	1080i 3/4
Main	720/576/30	10.368 0	15 Mbps	1 835 008 bit	480i，576i
Low	352/288/30	3.041 28	4 Mbps	475 136 bit	CIF，SIF

4.1.5　応用規格における制約

MPEG 規格（13818-2）自体はいろいろな応用を想定して制限は最小限にしているが，実際の応用装置（システム）において制約を設ける場合が多い．**表**

表4.5 応用装置での制約（各システムの規格）

技術項目	DVD-Video	DVD-Recording	Digital-CS	Digital-BS
Profile@Level	MP@ML	MP@ML	MP@ML	MP@ML/HL
画像フォーマット	720×480/576 352×480/576 352×240/288	720×480/576 544×480/576 480×480/576 352×480/576 352×240/288	720×480	720×480i/p 1280×720p 1920×1080i 1440×1080i
I周期	〜0.6秒	〜0.6秒	0.5秒	0.5秒
NTSCと480i	規定なし	規定なし	22-261	22-261
bitrate	Max 9.8 Mbps	Max 9.8 Mbps	Max 8 Mbps	Max 24 Mbps
レート制御	VBR	VBR	CBR	CBR

VBR：可変ビットレート。CBR：固定ビットレート

4.5に代表的なものを示すが，これらはあくまでその装置におけるもので，MPEGとして定めたものではない。

代表的な制約としては，ランダムアクセスやチャネル切替のため，I周期は短めになっている。NTSCと480iの関係はライン位置（番号）に関するもので，MPEG-2で符号化される各フィールドが，NTSCの22から261番目の240ラインとなる。ビットレートは各応用装置に密接に関係する。

4.2 Main Profile 符号化処理

4.2.1 処理概要

MPEGの技術は，動き補償画像間予測＋DCTである。その処理構成を図4.1に示すが，近年標準化された動画像符号化は，すべてこの処理形態である。

動画像信号は，B-pictureの符号化や動き推定（ME）のためにいったんフレームメモリに格納される。そして符号化順に読み出され，動き補償（MC）予測信号が減算され，DCTされた後に量子化される。量子化されたDCT係数は，可変長符号化（VLC）されるとともに，局部復号が行われる。

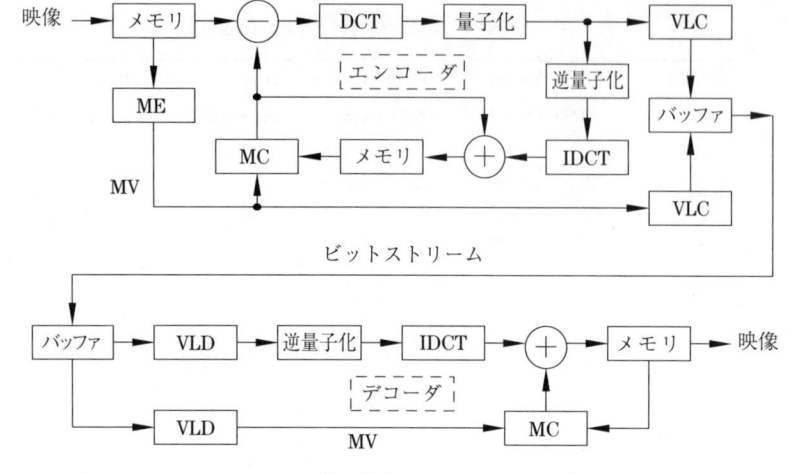

ME：Motion Estimation，動き推定（動きベクトル検出）
MC：Motion Compensation，動き補償
MV：Motion Vector，動きベクトル
(I)DCT：(Inverse) Discrete Cosine Transform，直交余弦（逆）変換
VLC(D)：Variable Length Coding (Decoding)，可変長符号化（復号化）

図 4.1　MPEG-2 基本処理構成

　複合処理はすべての可変長符号が復号化（VLD）された後，DCT 係数に対して逆量子化が行われる。再生 DCT 係数は IDCT され，予測信号が加算されて再生画像となる。再生画像はフレームメモリに蓄えられ，他のフレームの予測に使われる。

4.2.2　階層構造と符号同期
（1）階　層　構　造
　MPEG-2 符号化は動画像全体に当たる Sequence から DCT の処理単位である Block まで 6 段階の階層構造を持つ。その概要を**表 4.6** に，構造を**図 4.2** に示す。階層構造は，動画像構造に基づくものであるが，GOP（Group of Picture）や Slice は，大きさ（GOP 内の Picture 数，Slice 内の Macroblock 数）がかなり柔軟なものとなっている。また，符号量は大きく変動し，ほとんど符号のない部分もあれば，非圧縮に近い符号量となる部分もある。

表 4.6　MPEG-2 データの階層構造概要

名　称	典型的構成	目　的	同期	備　考
Sequence	1 GOP	動画像全体	有	
GOP	15 Picture	データアクセス	有	なくても良い
Picture	30 Slice	Frame/Field	有	
Slice	45 Macroblock	データ統合	有	同期最小単位
Macroblock	6 Block	動き補償単位	無	
Block	8×8 Pixel	DCT 処理単位	無	

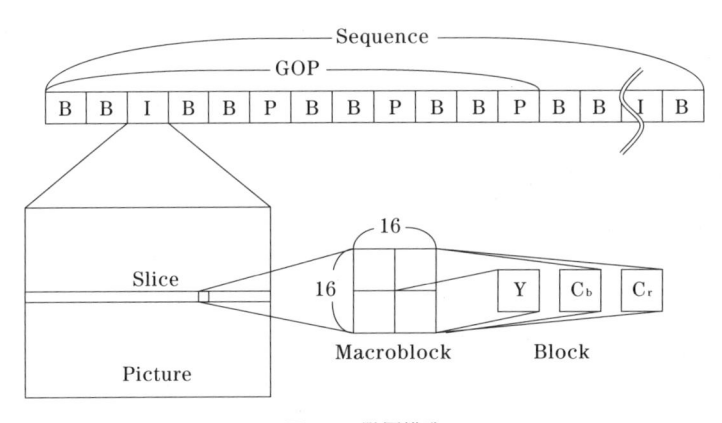

図 4.2　階層構造

　Sequence から Slice までの上位階層は，データを束ねるのが主目的であり，ヘッダ情報が重要となる。Picture は動画像のフレームまたはフィールドに該当する。Macroblock および Block は実際の符号化処理単位であり，処理内容と密接に関係する。Macroblock は動き補償の処理単位であり，Block は DCT の処理単位である。

　Slice 以上には必ず唯一認識可能なユニークコードが付される。これは 32 bit の固定長符号で，0000 0000 0000 0000 0000 0001　に続けて 2 byte のコード種別を持つ。この start_code は，他の部分では発生しないように工夫されており，これを検出することで同期を取ることができる。

(2)　**Sequence Layer**

　最上位である Sequence のヘッダ情報は，本質的には頻繁に変化するもので

はない．しかし，これがないと正常に復号できなくなるので，ランダムアクセスや伝送符号誤りを考慮して，ある程度の周期で入れることが望まれる．一例としては GOP と一体化して，0.5 秒ごとに入れる（**表 4.7**）．

表 4.7 Sequence ヘッダでの重要情報

コード名	bit	処理概要
horizontal_size_value	12	水平画素数
vertical_size_value	12	垂直ライン数
aspect_ratio_information	4	アスペクト比
frame_rate_code	4	フレームレート
bit_rate_value	18	ビットレート
vbv_buffer_size_value	10	バッファサイズ
load_intra_quantizer_matrix	1	intra 量子化マトリクス変更
(intra_quantizer_matrix)	8×64	intra 量子化マトリクス
load_non_intra_quantizer_matrix	1	非 intra 量子化マトリクス変更
(non_intra_quantizer_matrix)	8×64	非 intra 量子化マトリクス
profile_and_level_indication	8	Profile と Level
progressive_sequence	1	順次走査
chorma_format	2	4：2：2 か 4：2：0
low_delay	1	B-picture 不使用

ヘッダ情報の中で量子化マトリクスは比較的符号量が多いが，0.5 秒ごとに入れても 8 bit×64×2×2＝2 048 bps であり，4 Mbps に対して 0.05 ％程度である．なお，デフォルトマトリクスを用いる場合は必要ない．

profile_and_level_indication 以降は，MPEG-1 になく，MPEG-2 で追加されたものである．

（3） **GOP Layer**

GOP では，GOP に関係する情報が入れられるが，いずれも必須ではなく，

表 4.8 GOP ヘッダでの重要情報

コード名	bit	処理概要
(time_code)	25	時間
(closed_gop)	1	閉じた GOP 構造
(broken_link)	1	前 GOP との連続性消滅のフラグ

なくても通常の復号は可能である（**表 4.8**）。

（4） Picture Layer

Picture の情報は Picture 単位で変更が必要なものである。表示中央位置や量子化マトリクスは更新する場合にのみ伝送される（**表 4.9**）。

表 4.9 Picture での重要情報

コード名	bit	処理概要
temporal_reference	4	時間位置
picture_coding_type	4	順方向 MV 範囲の水平係数
vbv_delay	4	順方向 MV 範囲の水平係数
forward_vertical_f_code	4	順方向 MV 範囲の垂直係数
backward_horizontal_f_code	4	逆方向 MV 範囲の水平係数
backward_vertical_code	4	逆方向 MV 範囲の垂直係数
intra_dc_precision	2	DC 量子化精度
picture_structure	2	Picture 構造
top_field_first	1	インターレースのフィールド関係
frame_pred_frame_dct	1	強制順次走査型符号化
concealment_motion_vectors	1	誤り隠蔽 MV 伝送の有無
q_scale_type	1	量子化スケールのタイプ
intra_vlc_format	1	VLC のタイプ
alternate_scan	1	Scan のタイプ
repeat_first_field	1	2：3 pulldown のフラグ
progressive_frame	1	順次走査フレーム
composite_display_flag	1	元コンポジット信号情報の有無
(frame_centre_horizontal_offset)	16	表示中央の水平位置
(frame_centre_vertical_offset)	16	表示中央の垂直位置
(intra_quantizer_matrix)	64×8	intra 量子化マトリクス
(non_intra_quantizer_matrix)	64×8	非 intra 量子化マトリクス
(chroma_intra_quantizer_matrix)	64×8	色差 intra 量子化マトリクス
(chroma_non_intra_quantizer_matrix)	64×8	色差非 intra 量子化マトリクス

（5） Slice Layer

Slice は同期回復が主目的なので，挿入される情報は実質量子化パラメータのみとなる。この値も Macroblock で更新されるのが一般的である（**表 4.10**）。

表4.10 Slice ヘッダでの重要情報

コード名	bit	備考
quantizer_scale_code	5	量子化パラメータ
(intra_slice_flag)	1	イントラスライスの有無
(intra_slice)	1	イントラスライス

4.2.3 Picture 予測構造

（1） Picture タイプと GOP 構成

Picture タイプは，表4.11 に示される3種類がある。Picture は動画像の1フレームまたは1フィールドであるが，Picture タイプは基本的にフレーム単位で設定される。すなわち Picture がフィールドの場合，2 Picture が同一 Picture タイプとなる。

表4.11 Picture タイプ（picture_coding_type）

Picture タイプ	内容	code
intra coded (I)	フレーム内独立	001
predictive coded (P)	片方向予測	010
bidirectionally predictive coded (B)	双方向予測	011

Picture タイプの設定（配置）は自由で，図4.3 のようにいろいろなものが存在する。最も一般的なのは図4.4 のように I-picture を 15 フレームごと，P-picture を 3 フレームごととするものである。この場合，GOP の区切りは I-

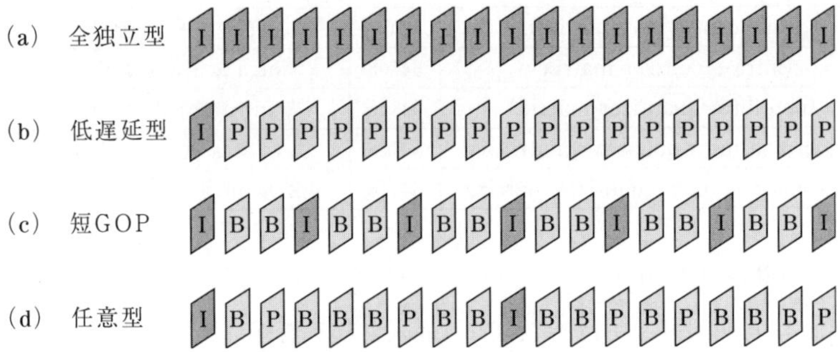

(a) 全独立型　I I I I I I I I I I I I I I I I I I I I

(b) 低遅延型　I P P P P P P P P P P P P P P P P P P P

(c) 短GOP　　I B I B I B I B I B I B I B I B I B I B

(d) 任意型　　I B P B B B P B I B P B P B P B B B P

図4.3 各種GOP 構造

4.2 Main Profile 符号化処理　　89

（a）通常 GOP 構成

（b）Closed GOP 構成

図 4.4　GOP の区切りと Closed GOP

picture の前ではなく，その前の P-picture の直後となる．これは B-picture と I-picture で符号伝送順が逆転するためである．

また，I-picture の前の B-picture は，その前の P-picture がないと復号できないので，GOP 単位で符号列を入れ替えた場合，I-picture の前の B-picture が復号できなくなる．これを考慮してあらかじめ B-picture をなくしたのが Closed GOP である．この場合 GOP 内で完結するが，B-picture が減るのでわずかに符号化効率が低下し，P-picture の周期が不連続になる．

（2）**インターレース走査対応**

MPEG-1 にない MPEG-2 の重要な特徴がインターレース走査対応である．インターレース走査画像を符号化する方法は，すべてフィールド単位で処理するか，フィールド単位とフレーム単位を切り替えて処理するかである．

MPEG-2 はこの両方が可能になっており，まず Picture Layer で Frame picture と Field picture が切り替わり，さらに Frame picture は，Macroblock layer で Frame based と Field based がある．なお，Field picture は当然 Field based のみである（**図 4.5**）．

Picture 構造を**表 4.12** に，Picture の切替の様子と画像間予測を**図 4.6** に示す．Frame picture と二つの Field picture は，フレーム単位で切り替えることができる．Field picture は，フレームでの最上ラインを含む Top Field と，フレームでの最下ラインを含む Bottom field に区別される．

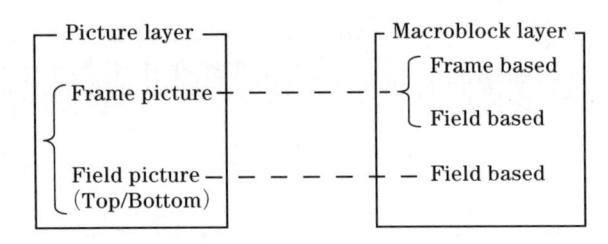

図 4.5　各 Layer でのインターレース走査画像対応

表 4.12　Picture 構造（picture_structure）

Picture 構造	内　容	code
Top field	フレームの最上走査線を含むフィールド	01
Bottom field	フレームの最下走査線を含むフィールド	10
Frame	フレーム	11

（a）　Frame picture と Field picture の切替の様子

（b）　P-picture の予測　　　　　（c）　B-picture の予測

凡　例：

Frame picture　　　　　　Field picture

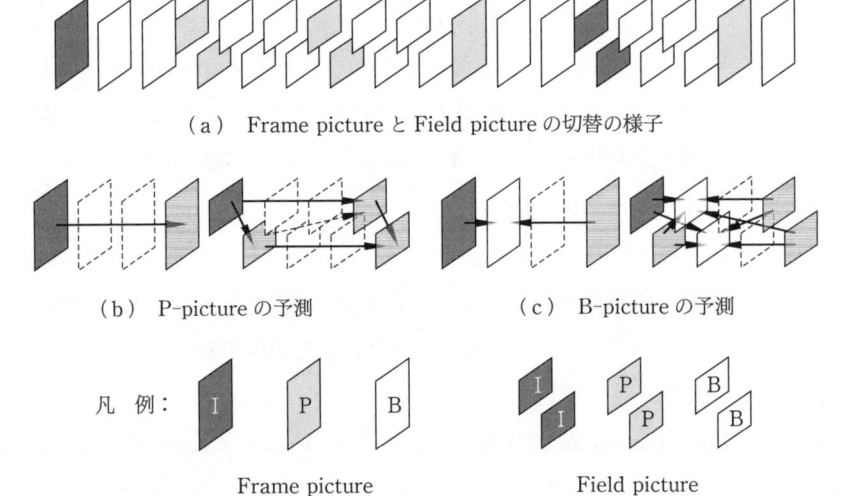

図 4.6　Picture 切替と画像間予測

　画像間予測の様子を図 4.6 に示すが，Frame picture では，フレーム単位で見た場合には，プログレッシブ走査画像の符号化と変わらない。Field picture は，フィールド単位の処理となり，予測参照フィールドは両方から選択できる。参照画像の方は，その Picture がどちらで符号化されたかとは無関係で，

被符号化画像の Picture（Frame/Field）に合わせて使われる。

Field picture の I-picture のあるフレームでは，二つのフィールドを I, I としても I, P としても良い。後者の場合，P-picture は直前の I-picture からのみ予測される。

4.2.4 Macroblock タイプと適応予測

画像間予測の適応処理は，おもに Macroblock 単位で行われる。まず，IPB の Picture タイプごとに Macroblock タイプがあり，Frame picture と Field picture で別々の動きタイプがある。

（1） I-picture Macroblock タイプ

I-picture の Macroblock タイプを**表 4.13** に示す。情報は量子化スケール更新の有無のみである。

表 4.13 I-picture の Macroblock タイプ（macroblock_type）

予測	符号化	量子化	タイプ	MV	code
独立	あり	維持	Intra	0	1
		更新	Intra Quant	0	01

（2） P-picture Macroblock タイプ

P-picture の Macroblock タイプを**表 4.14** に示す。処理は基本的に 3 種類で，動き補償なし予測，動き補償予測，独立である。さらに予測残差をすべて

表 4.14 P-picture の Macroblock タイプ（macroblock_type）

予測	符号化	量子化	タイプ	MV	code
動き補償なし	あり	維持	No MC Coded	0	01
		更新	No MC, Coded Quant	0	0000 1
動き補償あり	×	−	MC Not Coded	1	001
	あり	維持	MC Coded	1	1
		更新	MC Coded Quant	1	0001 0
独立	−	維持	Intra	0	0001 1
		更新	Intra Quant	0	0000 01

捨てるか，符号化して伝送するかであるが，動き補償なし予測で捨てる場合は，付随情報がないので，Macroblockモード情報自体もなくす．さらに予測残差を符号化する場合（含む独立）は，量子化スケールの更新をするかしないかの識別をする．

実際の符号を見ると，MC Coded，つぎに No MC Coded の符号が短い．量子化修正の符号は長いが，H.261 と同じ符号表を用い，後から量子化修正を追加したためである．量子化修正は 5 bit の量子化スケールコードが付くので，かなり長くなる．

（3） B-picture Macroblock タイプ

タイプを**表 4.15** に示すが，独立以外は動き補償が行われ，予測残差をすべて捨てるか，符号化して伝送するかを識別する．最後に予測残差を符号化する

表 4.15　B-picture Macroblock タイプ（macroblock_type）

予　測	符号化	量子化	タイプ	MV 数	code
双方向	なし	—	Interp, Not Coded	2, 4	10
	あり	維持	Interp Coded	2, 4	01
		変更	Interp Coded Quant	2, 4	0001 0
逆方向	なし	—	Bwd Not Coded	1, 2	010
	あり	維持	Bwd Coded	1, 2	011
		変更	Bwd Coded Quant	1, 2	0000 11
順方向	なし	—	Fwd Not Coded	1, 2	0010
	あり	維持	Fwd Coded	1, 2	0011
		変更	Fwd Coded Quant	1, 2	0000 10
独　立	—	維持	Intra	0	0001 1
		変更	Intra Quant	0	0000 01

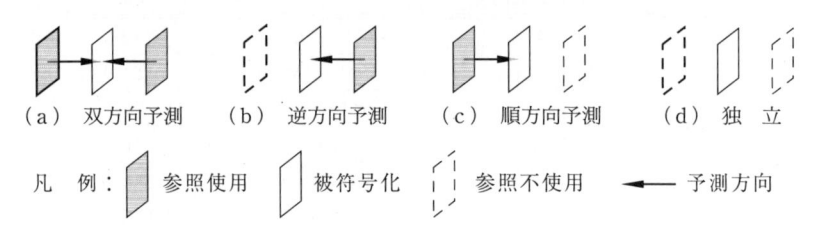

（a）双方向予測　　（b）逆方向予測　　（c）順方向予測　　（d）独　立

凡　例：　■ 参照使用　　□ 被符号化　　⌐ ⌐ 参照不使用　　← 予測方向

図 4.7　B-picture の適応予測方法

場合(含む独立)は,量子化スケール更新の有無が付く.B-picture の適応予測方法は図4.7の4種類で双方向予測(Interpolated),逆向予測(Backward),順方向予測(Forward),独立(Intra)である.

4.2.5　インターレース走査での動き補償タイプ

Macroblock のタイプは,プログレッシブ走査の場合は,4.2.3項で示した macroblock_type のみだが,インターレース走査の場合は,さらに動きタイプの情報が必要になる.

(1) Frame picture での動きタイプ

Frame picture での動きタイプを表4.16に示す.動きタイプとしてはフレーム単位の予測とフィールド単位の予測,さらに Dual-Prime 予測がある.フレームは,二つのフィールドの時間差を考慮せずプログレッシブ走査と同様に扱うものである.フィールドは二つのフィールドを別々に扱うもので,参照フィールドも二つから選択される.それらの動き補償の様子を図4.8に示す.予測残差の点では概してフィールドが有利であるが,フレームの方が MV 数が少ない.

表4.16　Frame picture での動きタイプ (frame_motion_type)

動きタイプ	内　容	MV 数	code
Field based	フィールド	1	01
Frame based	フレーム	2	10
Dual-Prime	2フィールド加算	1+dMV	11

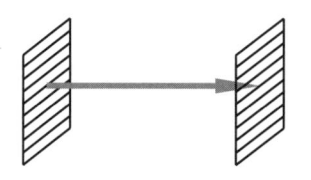

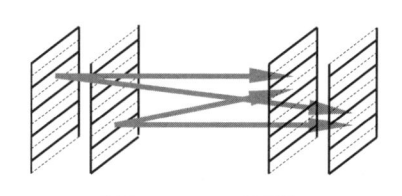

　　(a)　フレーム予測　　　　　(b)　フィールド予測

図4.8　Frame picture での動き補償

(2) Field picture での動きタイプ

Field picture での動きタイプを**表 4.17** に示す。動きはフィールド単位のみで，大きさが Macroblock と同じ 16×16 画素と，上下に 2 分割された半分の 16×8 画素がある。なお，画面上では 16×8 の方が正方形に近い。

表 4.17　Field picture での動きタイプ (field_motion_type)

動きタイプ	内容	MV 数	code
Field based	フィールド	1	01
16×8 MC	16×8 フィールド	2	10
Dual-Prime	2 フィールド加算	1+dMV	11

(3) Dual-Prime

Dual-Prime (Dual′) はフィールド単位の予測であり，両方のフィールドを動き補償して加算し平均値を予測信号とする。Frame picture と Field picture の両方で使われるが，参照フレームが直前にある場合しか使えない。すなわち，GOP が B-picture のない IPPPPPP……などの場合にのみ使用できる。

動き補償の様子を**図 4.9** に示すが，図中 (・) は参照画像の半画素位置である。Frame picture も Field picture も，フレーム（2 フィールド）間のひとつの MV が基本で，Frame picture では 2 フィールド分が束ねられることになる。他方のフィールドが dMV により ±0.5 画素の範囲で微調整される。

(a) Frame picture　　(b) Field picture

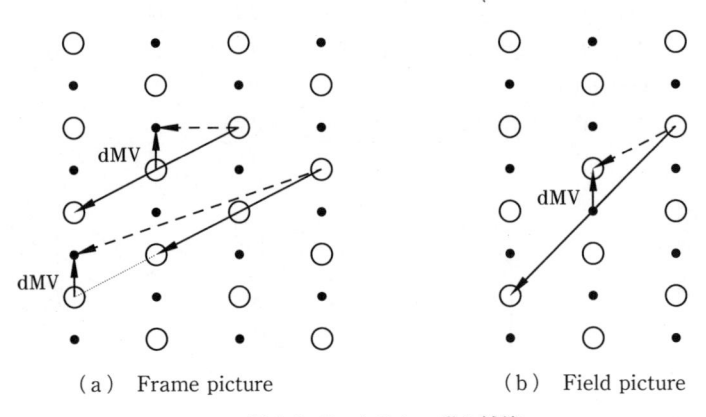

図 4.9　Dual-Prime 動き補償

Frame pictureの場合もdMVは一つで2フィールド共通である。

4.2.6 DCT
（1） DCT/IDCT 計算式

I-pictureおよびIntra Macroblockでは入来画像がそのままDCTされる。その他のMacroblockは予測残差がDCTされる。DCTの大きさは8×8である。DCT演算に関しては精度の規定はないが，DCTされた信号（係数）は12 bit精度で得る。IDCTの演算精度は，演算誤差量の形で規定されている。MPEG-2における2次元DCTおよびIDCTは次式で定義される。式で具体的には $N = 8$ となる。

・DCT

$$F(u,v) = \frac{2}{N} C(u) C(v) \sum_{x=0}^{N-1} \sum_{y=0}^{N-1} f(x,y) \cos\frac{(2x+1)u\pi}{2N} \cos\frac{(2y+1)v\pi}{2N} \tag{4.1}$$

ただし $u, v, x, y = 0, 1, 2, \cdots N-1$, x, y は画素番号，u, v 係数番号

$$C(u), C(v) = \begin{cases} \frac{1}{\sqrt{2}} \cdots\cdots u, v = 0 \\ 1 \cdots\cdots 他 \end{cases}$$

・IDCT

$$f(x,y) = \frac{2}{N} \sum_{x=0}^{N-1} \sum_{y=0}^{N-1} C(u) C(v) F(u,v) \cos\frac{(2x+1)u\pi}{2N} \cos\frac{(2y+1)v\pi}{2N} \tag{4.2}$$

（2） インターレース走査対応

Frame pictureのMacroblockでは，Frame DCTがoffの場合，DCTの処理単位をフレームのままとするか，フィールド単位にするか切り替える。その様子を図4.10に，DCTタイプを表4.18に示す。これは予測モードと似ているが，独立して制御される。

4. MPEG-2

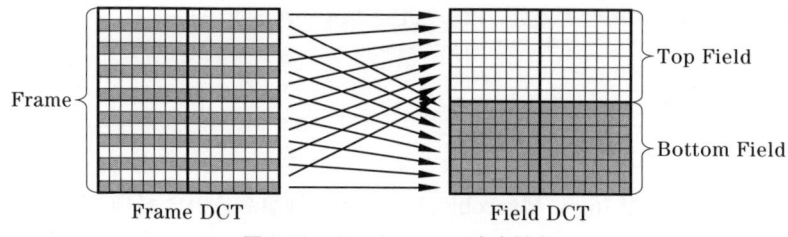

図 4.10 インターレース走査対応

表 4.18 Frame picture での DCT タイプ (DCT_type)

DCT タイプ	内容	code
Field	フィールド単位	01
Frame	フレーム単位	11

4.2.7 量子化

(1) 量子化マトリクス

各係数の量子化は，スケールと量子化マトリクスの積で決まる。マトリクスは Intra 用と Non-Intra 用の2種類で，Y と C_b, C_r は共通である。デフォルト（初期設定）の量子化マトリクスを**図 4.11** に示す。Non-Intra の値は重み付けがないので，変更が望まれる。

マトリクスをデフォルト以外のものにする場合は Sequence ヘッダで設定さ

8	16	19	22	26	27	29	34
16	16	22	24	27	29	34	37
19	22	26	27	29	34	34	38
22	22	26	27	29	34	37	40
22	26	27	29	32	35	40	48
26	27	29	32	35	40	48	58
26	27	29	34	38	46	56	69
27	29	35	38	46	56	69	83

(a) Intra

16	16	16	16	16	16	16	16
16	16	16	16	16	16	16	16
16	16	16	16	16	16	16	16
16	16	16	16	16	16	16	16
16	16	16	16	16	16	16	16
16	16	16	16	16	16	16	16
16	16	16	16	16	16	16	16
16	16	16	16	16	16	16	16

(b) Non-Intra

図 4.11 デフォルトの量子化マトリクス

れる．さらに，Picture ヘッダでも変更できる．なお，Intra の DC 部分（左上）は別に量子化されるので，この値は実際には使用されない．

（2） 量子化/逆量子化式

MPEG-2 規格では，逆量子化式は規格で決まっているが，量子化式（しきい値）はエンコーダで自由に設定できる．逆量子化式は Intra と Non-Intra で異なり，Intra はストレートであるが，Non-Intra は 0 と ±1 の間（デッドゾーン）が広くなっている．量子化特性の例を図 **4.12** に示す．

$$F''[v][u] = \{(2\,QF[v][u]+k) \times W[v][u] \times \text{quantizer\_scale}\}/32 \tag{4.3}$$

Intra　　　　$k=0$
Non-Intra　　$k=QF[v][u]$ の符号（$-1,\ +1$）

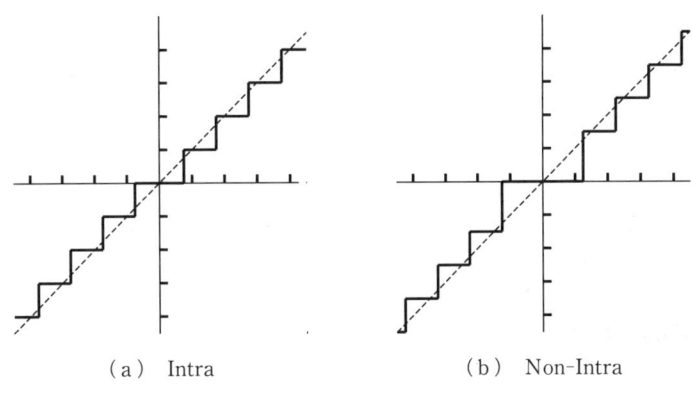

　　　　（a）Intra　　　　　　（b）Non-Intra
図 **4.12**　量子化特性の例（代表点は規格，しきい値は自由）

（3） 量子化スケール

量子化スケールは Slice ヘッダで設定され，Macroblock 単位で変更できる．量子化スケールの code と実際の値との関係を表 **4.19** に示す．線形のものと非線形のものがある．その変化の様子を図 **4.13** に示す．高画質レンジでは小スケール値が細かい Type 1 の方が制御しやすい．

表 4.19 量子化スケール

code (5 bit)	量子化スケール	
	Type 0	Type 1
0	—	—
1	2	1
2	4	2
3	6	3
4	8	4
5	10	5
6	12	6
7	14	7
8	16	8
9	18	10
10	20	12
11	22	14
12	24	16
13	26	18
14	28	20
15	30	22
16	32	24
17	34	28
18	36	32
19	38	36
20	40	40
21	42	44
22	44	48
23	46	52
24	48	56
25	50	64
26	52	72
27	54	80
28	56	88
29	58	96
30	60	104
31	62	112

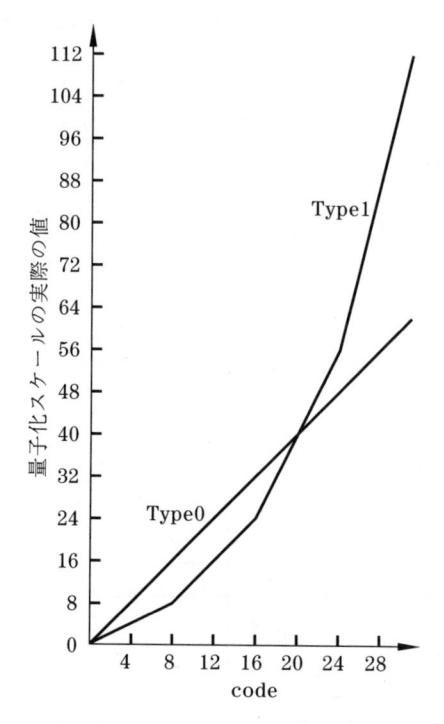

図 4.13 量子化スケールの変化の様子

4.2.8 可変長符号化

(1) DC係数の符号化

DCT の DC 係数は，直前に符号化された同一成分 DC 係数との差分が取られ，各差分に対して VLC される。VLC はサイズ（ダイナミックレンジ）と値で構成され，サイズは VLC，値は所定サイズに対しては固定長である（**表 4.20**）。

表4.20 DC係数VLC構造

サイズ	値	値 bit	Y size code	C size code
0	—	0	100	00
1	±1	1	00	01
2	±2	1	01	10
3	±3, ±4	2	101	110
4	±5〜±8	3	110	1110
5	±9〜±16	4	1110	1111 0
6	±17〜±32	5	1111 0	1111 10
7	±33〜±64	6	1111 10	1111 110
8	±65〜±128	7	1111 110	1111 1110
9	±129〜±256	8	1111 1110	1111 1111 0
10	±257〜±512	9	1111 1111 0	1111 1111 01
11	±513〜±1024	10	1111 1111 1	1111 1111 11

DC係数VLC構造：Size（2〜10 bit）＋値（0〜10 bit）

（2） 係 数 Scan

0係数ランレングスを用いるために，Scanにより1次元に配列変換される。Scan順は図4.14に示される2種類あり，フレームには0がフィールドには1が適するが，Pictureタイプとは無関係にPicture単位で選択できる。

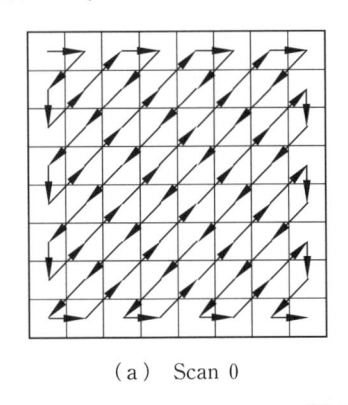

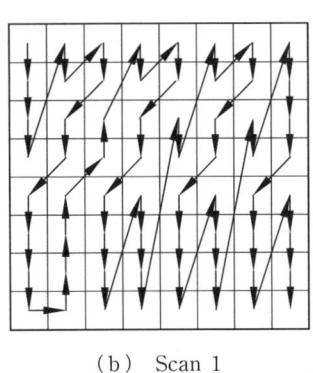

（a） Scan 0　　　　　　　　（b） Scan 1

図4.14 Scan順

（3） 2次元ハフマン符号化

Scanで1次元化された係数は，0の連続数（Run）と非0の値（Level）の

組合せでハフマン符号化される．ただし，2次元で符号表（VLC）が用意されているのは，高頻度の組合せで，低頻度の組合せはRunとLevelが独立に符号化される．

図4.15は，符号表（Table_zero）の主要部で，数字が符号長，灰色部は低頻度域（ESC）となる．低頻度は24 bitの固定長になる．これは，元の係数値（12 bit）の2倍であり，画素値（8 bit）の3倍である．符号の構造は以下の様になる．

高頻度：VLC（2〜17 bit）

低頻度：ESC（000001）＋Level（12 bit）＋Run（6 bit）

2D-VLCの中で特異なものとして，EOBと最高頻度の組合せであるRun 0 Level 1がある．sは符号（±）である．

10：EOB　（非0係数ありなので，Blockの最初にはこない．）

Level（22以上略）

Level \ Run	0	1	2	3	4	5	6	7	8	9	10	11	12	13	14	15	16	17	18	19	20	21
21	15																					
20	15																					
19	15																					
18	15	17																				
17	15	17																				
16	15	17																				
15	14	17																				
14	14	16																				
13	14	16																				
12	14	16																				
11	13	16																				
10	13	16																				
9	13	16																				
8	13	16																				
7	11	14																				
6	9	14																				
5	9	13	14																			
4	8	11	13	14																		
3	6	9	11	13	13	14	17															
2	5	7	8	9	11	11	13	13	13	14	14	17	17	17	17	17	17					
1	*	4	5	6	6	7	7	7	8	8	9	9	9	9	11	11	11	13	13	13	13	13

Run（22以上略）

図4.15　AC係数の2次元VLC符号長（Table_zero主要部）

1 s：Run 0 Level 1 (First coeff.)

11 s：Run 0 Level 1 (Other coeff.)

（4） 動きベクトル符号化

動きベクトル情報は，DC係数と同様に同一成分の直前値との差分が，可変長符号化される。符号構成は0は1 bitで，0以外は

MV-VLC（0以外）：VLC+S（1 bit）+F（0～3 bitFLC）

となる。ここで，sは符号（±）で1 bitである。fはMVのレンジに対応して別途定義され，レンジは，0 bit（なし）で±8画素，1 bit±16画素，2 bitで±32画素，3 bitで±64画素となる。f値が多い場合，0近傍のVLCがかなり長くなり，実際の差分MV発生頻度とミスマッチとなる。可変長符号（VLC）は，**表4.21**に示される。

表4.21 動きベクトル差分のVLC

dMV	VLC	dMV	VLC
0	1	9	0000 0101 0 sf
1	01 sf	10	0000 0100 1 sf
2	001 sf	11	0000 0100 01 sf
3	0001 sf	12	0000 0100 00 sf
4	0000 11 sf	13	0000 0011 11 sf
5	0000 101 sf	14	0000 0011 10 sf
6	0000 100 sf	15	0000 0011 01 sf
7	0000 011 sf	16	0000 0011 00 sf
8	0000 0101 1 sf		

4.3　Main Profile以外の技術

Main Profile以外のProfileについては，技術的に他に包含されるSimple profile, High Profile, Multi-View Profileは省略し，SNR Scalable Profile, Spatial Scalable Profile, 4：2：2 Profileのみ紹介する。また，data partitioningなど，規格設定されているが使用profileがない技術も省略する。

4.3.1 SNR Scalable Profile

解像度を変えない簡易的な階層構造符号化で，量子化の粗さのみを変えて，画質の差のみで階層化するものである．再生画像の SNR が違うのでこのように呼ばれる．復号化の構成を図 4.16 に示す．階層化は画像間予測ループ内なので，Lower Layer のみを復号化すると，画像間予測信号で誤差を生じることになり，誤差累積が起こる．

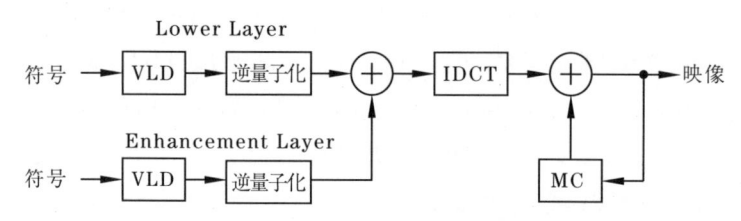

図 4.16 SNR Scalable Profile の復号化構成

4.3.2 Spatial Scalable Profile

SDTV と HDTV など，空間解像度の違う画像に対する階層構造符号化で，SDTV に対する Lower Layer は通常（Main Profile）のもので良い．復号化の構成を図 4.17 に示す．Enhancement Layer は，Lower Layer 再生画像からアップサンプルして作られた画像と，画像間予測画像を適応的に混合して最終的な予測信号を形成する．

アップサンプル画像は，必ずしも Enhancement Layer 画像の全部をカバー

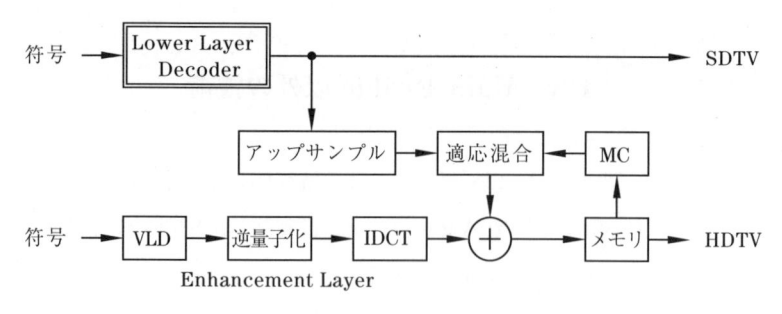

図 4.17 Spatial Scalable の復号化構成

する必要はなく，画像アスペクト比が SDTV で 4：3，HDTV で 16：9 の場合などは，SDTV 画像のない左右部分は画像間予測のみが使われる．

符号化効率は良好で，Lower Layer と Enhancement Layer の両方で，Main Profile の HDTV とほぼ同等の画質/符号量となり，階層化で生じる効率低下はわずかである．

4.3.3　4：2：2 Profile

Main Profile で使われる 4：2：0 信号は，プログレッシブ走査画像では垂直水平のバランス上合理的であるが，インターレース走査画像の場合は，フィールド内で垂直補間を行うことになり，色差信号の垂直解像度がフィールドの半分になる．これは民生機器では許容範囲であるが，画像加工や NTSC への変換（NTSC エンコード）を前提にするプロ機材では不十分である．

4：2：2 Profile は，4：2：2 信号をそのまま符号化するので，色方向の垂直解像度が保持される．技術的な違いは，Macroblock 内の Block 数で，図 **4.18** に示されるように C_b，C_r も垂直に 2 個ずつで，計 8 個になる．これに伴い処理量も 4：2：0 の場合の 4/3 倍になる．他に画面上での縦横の Block 形状が変わるので，量子化マトリクスは C_b，C_r に付いて Y とは別に設定可能となる．なお，デフォルトは共通で，変更時に Intra/Non-Intra との組み合わせで計 4 種類になる．

主たる応用はプロ用の機材であり，ビットレートやバッファの規約が大きく異なり，かなり高い値となっている．

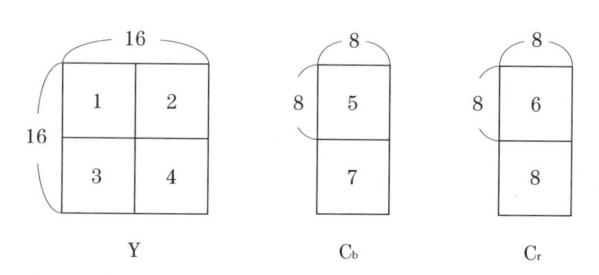

図 **4.18**　4：2：2 での Macroblock 構造

4. MPEG-2

演習問題

（1） 通称 MPEG-2 Video 規格の正式な番号を示せ．また，MPEG-2 の Video, Audio, System の各規格関係について述べよ．
（2） MPEG-2 で Simple Profile になく Main Profile で存在する技術内容を示せ．また，Main Profile になく High Profile で存在する技術内容を示せ．
（3） MPEG-2 Main Profile での GOP 構造の制約を述べよ．
（4） インターレース走査画像対応技術について，Picture Layer, Macroblock Layer のそれぞれで，どのような処理切替が，どの単位で可能か述べよ．
（5） 量子化および逆量子化の式を Intra, Non-Intra の両方について示せ．
（6） DCT 係数の AC 成分可変長符号化において，量子化前の各係数のビット数と，可変長符号化でエスケープ（ESC）となる場合の符号長を示し，元の画像信号のビット数の比を示せ．

5 MPEG-4

5.1 規格概要

5.1.1 規格の経緯

テレビ放送など本格的映像媒体用のMPEG-2に続けて，MPEG-3として HDTV用符号化を，MPEG-4として低レート向け符号化を標準化するプランが出た。しかし，米国でのHDTV放送開始の動きもあり，HDTVはMPEG-2で包含し，MPEG-3は中止となった。その結果MPEG-3は欠番となり，MPEG-4の標準化が行われた。

初期の提案方式評価において，基準となるITUのH.263方式より優位な方式がなく，H.263をベースにして改良を加えることになった。これだけでは，新規性に欠けるのでオブジェクト単位の符号化機能を入れた。その後，効率を追求したものや，スケーラブル機能をもったものなどが追加されている。

MPEG-4規格（ISO/IEC-14496）は，全体では非常に多くの技術内容を含むが，実際に使われているのは，その中の極一部である。また，移動体向け放送など新規のシステムは，より効率の高いMPEG-4 AVC（H.264）やVC-1（WMV-9）を採用する方向になっている。

5.1.2 規格の構成

MPEG-4規格（ISO/IEC-14496）は19のPartで構成されている（**表5.1**）。Part 1から5はMPEG-2（13818）と同じ形態となっている。Part 10

5. MPEG-4

表5.1 MPEG-4規格（ISO/IEC-14496）の各部

Part	名 称	備 考
Part 1	Systems	データ多重化
Part 2	Visual	映像符号化
Part 3	Audio	音声符号化
Part 4	Conformance testing	デコーダテスト
Part 5	Reference software	基準ソフト
Part 6	Delivery Multimedia Integration Framework	
Part 7	Optimized reference software for coding of audio-visual objects	
Part 8	Transport of MPEG-4 over IP Network	
Part 9	Reference Hardware Description	基準ハード
Part 10	Advanced Video Coding	H.264
Part 11	Scene description	
Part 12	MP4 base text	
Part 13	IPMP Extensions	
Part 14	MP4 specific text	
Part 15	AVC file format	
Part 16	AFX	
Part 17	Streaming Text Format	
Part 18	Font compression and streaming	
Part 19	Synthesised texture streaming	

はAVC（H.264）であり，これは6章で紹介する．Part 11以降は汎用符号化との関連性は低い．本書ではPart 2のVisualのみ解説する．

5.1.3 Profileと応用

(1) Profile全体

MPEG-4もMPEG-2と同様にProfileが設定されているが，非常に種類が多く，一般的な動画像符号化とかけ離れたものもある．標準化の時期により，Version 1（1998年）を表5.2に，Version 2（2000年）を表5.3に，その後を表5.4に示す．

しかし，実際に使われているのは，Simple Profileが中心で，他では最新の

表5.2　MPEG-4 Version.1 (1998) の Profile

カテゴリ	Profile 名	処理特徴
General	Simple	B-VOP なし
	Core	B-VOP あり
	Main	Interlaced
	N-Bit	
Scalable	Simple Scalable	
	Still Scalable Texture	
Animation	Animated 2 D Mesh	
	Basic Animated Texture	
	Simple Face	顔専用

表5.3　MPEG-4 Version.2 (2000) で追加された Profile

カテゴリ	Profile 名
Simple	Advanced Real Time Simple
Scalable	Core Scalable
	Advanced Scalable Texture
	Fine Granularity Scalable
General Efficiency	Advanced Coding Efficiency
	Advanced Simple
Animation	Simple FBA

表5.4　MPEG-4 で 2000 年以降に追加された Profile

カテゴリ	Profile 名	処理特徴
Scalable	Error resilient Scalable	エラー対応
Professional	Studio	4：2：2, 10 bit

Studio Profile が放送局用機材に使われている程度である。単に MPEG-4 というと，Simple Profile かせいぜい Core Profile（ただし Shape なし）と考えてよい。

（2）　汎用 Profile の概要

特殊機能向けでない汎用の Profile では，処理の複雑さ（符号化効率）が異なるものが複数存在する。Profile と使用技術の関係を表5.5 に示す。初期からあるものは，Simple, Core, Main であり，Simple に対して，Core では B

表5.5 MPEG-4の汎用Profileと使用技術

Tools	Simple	Core	Main	Advanced Real Time Simple	Advanced Coding Efficiency	Advanced Simple
Basic	○	○	○	○	○	○
Error resilience	○	○	○	○	○	○
B-VOP		○	○		○	○
P-VOP T Scalable		○	○		○	
Binary Shape		○	○		○	
Gray Shape			○		○	
Interlace			○		○	○
Sprite			○			
Dynamic Resolution				○		
NEWPRED				○		
SA-DCT					○	
Global MC					○	○
Quarter-pel MC					○	○

-VOP (B-picture) が入り符号化効率が向上し，Mainではさらにインターレース走査対応が組み込まれている。

その後，さらに符号化効率改善Toolが検討され採用された。新しいToolはQuarter Pel (1/4画素精度) MC, Global MCなどで，処理内容は5.2.2項で示す。それらが使えるProfileはAdvanced Real Time, Advanced Coding Efficiency, Advanced Simpleであるが，パフォーマンスはAVC (H.264) より劣り，中途半端な存在となっている。

5.1.4 Levelと画像フォーマット

LevelはProfileごとに設定され，MPEG-2と異なり，同じLevel名でもProfileにより画像サイズやバッファサイズは大きく異なる。表5.3に代表的Profileでの各Levelの諸パラメータ値を示す。基本的にLevelは代表的画像フォーマットに対応して設定されているが，MainのL3はBT.601を超えてCIFの4倍強となっている。

なお，表5.6で画像サイズおよびフレームレートはそれぞれの典型的な値で示したが，規格ではデコーダが復号可能な画像サイズは $H \times V$ の値で定義され，復号可能な画素レートは $H \times V$ に F を掛けた値となる．例えば，Simple Profile L 3 では $352 \times 288/30$ fps のみならず $176 \times 576/30$ fps や $176 \times 288/60$ fps といった画像も復号できなければならない．最大 bitrate は，符号化効率とのバランスから見て概して低めになっている．

表5.6 MPEG-4の主要 Profile の各 Level と代表パラメータ

名称	Level	$H \times V/F$ (fps)	bitrate	VBV
Simple	L 1 (QCIF)	176×144/15	64 kbps	160 Kbit
	L 2 (CIF)	352×288/15	128 kbps	640 Kbit
	L 3 (CIF)	352×288/30	384 kbps	640 Kbit
Core	L 1 (QCIF)	176×144/30	384 kbps	256 Kbit
	L 2 (CIF)	352×288/30	2000 kbps	1280 Kbit
Main	L 2 (CIF)	352×288/30	2000 kbps	1280 Kbit
	L 3 (BT.601)	720×576/30	15000 kbps	5120 Kbit
	L 4 (1080i)	1920×1088/30	38400 kbps	12160 Kbit
Advanced Simple	L 0 (QCIF)	176×144/15	128 kbps	160 Kbit
	L 1 (QCIF)	176×144/30	128 kbps	160 Kbit
	L 2 (CIF)	352×288/15	384 kbps	640 Kbit
	L 3 (CIF)	352×288/30	768 kbps	640 Kbit
	L 4 (2 CIF)	352×576/30	3000 kbps	1280 Kbit
	L 5 (BT.601)	720×576/30	8000 kbps	1792 Kbit

k = 1000, K = 1024

5.2 MPEG-4の基本符号化処理

MPEG-4の符号化処理の多くは MPEG-2 と共通である．ここでは，MPEG-2 と異なる部分を中心に説明する．

5.2.1 MPEG-4 符号化の概要

I-picture, P-picture, B-picture は，オブジェクト符号化との整合性のた

め I-VOP (Video Object Plane), P-VOP, B-VOP となっているが, 本質的には同じである。また, インターレース対応は Frame picture のみで, フィールド単位で扱う Field picture はない。

MPEG-2 にない効率改善 Tool として, 8×8 MC (4 MV), AC/DC Prediction, Unrestricted MV などがあるが, DC/AC Prediction は Intra のみ, Unrestricted MV は画像端のみで有効なので, 符号化効率に大きく寄与するものではない。全体としての符号化効率は, MPEG-2 と比較して CIF 等の小サイズでは良いが, SDTV 以上では顕著な改善はない。

5.2.2 MPEG-4 の Intra 符号化

Intra 符号化は, MPEG-2 と同じ 8×8 DCT であるが, MPEG-2 で DC 成分にのみ適用されていた係数の Block 間予測が一部の AC 係数にも適用される。また Block 間予測の方向が適応的に切り替えられる。この Adaptive DC/AC Prediction の様子を図 5.1 に示すが, まず DC 成分は上 Block か横 Block のいずれかから予測される。AC 成分はすべての係数が予測されるのではなく, 水平または垂直の一方が DC であるものである。垂直 DC の係数は垂直方向の符号化済み Block の同一係数から, 水平 DC の係数は水平方向の符号化済み Block の同一係数から予測される。この予測は量子化後に行われるので, 可逆処理となり画質への影響はない。

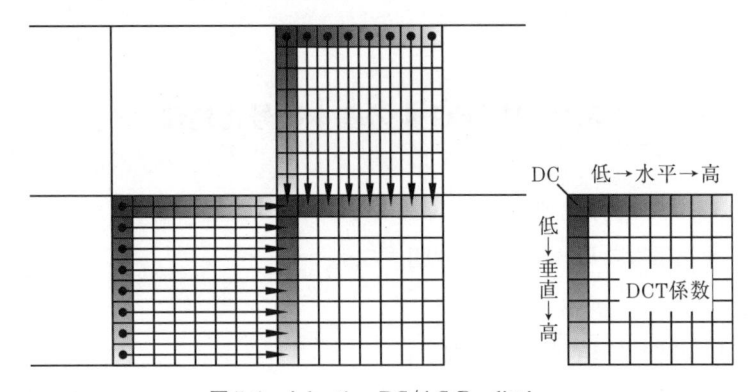

図 5.1 Adaptive DC/AC Prediction

5.2.3　MPEG-4 の画像間予測

（1）　4MV（8×8MC）と MV 予測

動き補償の形状適合性を高めるために Macroblock を 4 個に分割できる。この場合，動き補償の Block サイズは 8×8 画素となる。問題は MV 情報であり，Macroblock（16×16 画素）あたり 4 個の MV 情報を送る必要がある。そこで，MV の予測に工夫があり，**図 5.2** のような隣接 3 値（MV 1，MV 2，MV 3）の中間の値となるものから予測され，選択情報は伝送されない。通常の 1 MV（16×16 MC）の場合も同様である。なお，図は予測参照 MV が 8×8 の場合で，16×16 の場合はそれが属する Macroblock のものとなる。なお，4 MV（8×8 MC）は，インターレース走査画像対応のフィールドモードでは使えない。

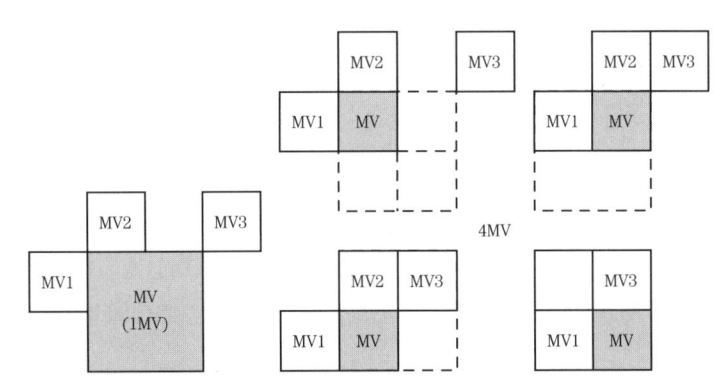

図 5.2　4 MV（8×8 MC）と MV 予測

（2）　Unrestricted MV

MPEG-2 の動きベクトルは画像エリアからはみ出ることが許されておらず，実際の動きが画面外からの場合に適正な動き補償ができない。それに対し，MPEG-4 では，**図 5.3** に示されるように，周辺部にグレー画像を代入し，その領域からも動き補償可能になっている。グレー画像部分は予測に寄与しないが，画像内の部分は適正に予測できる。なお，MPEG-2 のタイプでも B-picture では片方向は画像内なので問題は少なく，おもに P-VOP で有効となる。

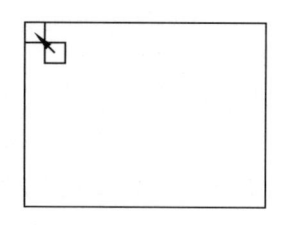

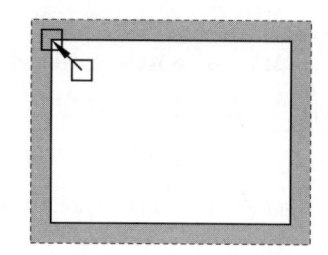

（a）MPEG-2 の場合　　　　（b）MPEG-4 の場合

図 5.3　Unrestricted MV

5.2.4　MPEG-4 の DCT および量子化

（1）DCT

DCT は 8×8 で MPEG-2 と同じである。精度の規定も同様である。

（2）量　子　化

Macroblock ごとの量子化（mquant）の P-VOP は MPEG-2 同様であるが，B-VOP では変更は±1 段階のみとなる。変更程度は quant_precision で変えられる。これにより量子化関連情報量が少なくなる。

（3）量子化マトリクスの初期設定

DCT および量子化は基本的に MPEG-2 と同様な処理であるが，量子化マトリクスの初期設定値（default）はかなり異なる。その値を図 5.4 に示すが，

8	17	18	19	21	23	25	27
17	18	19	21	23	25	27	28
20	21	22	23	24	26	28	30
21	22	23	24	26	28	30	32
22	23	24	26	28	30	32	35
23	24	26	28	30	32	35	38
25	26	28	30	32	35	38	41
27	28	30	32	35	38	41	45

16	17	18	19	20	21	22	23
17	18	19	20	21	22	23	24
18	19	20	21	22	23	24	25
19	20	21	22	23	24	26	27
20	21	22	23	25	26	27	28
21	22	23	25	26	27	28	30
22	23	25	26	27	28	30	31
23	25	26	27	28	30	31	33

（a）Intra 用　　　　　　（b）Non-intra 用

図 5.4　量子化マトリクスの初期設定値

いずれも MPEG-2 の Intra と Non-intra の中間的なもので，Intra と Non-intra の差が少ない．

5.2.5　MPEG-4 の可変長符号化

（1）Alternate Scan

Scan パターンは，基本的な Zigzag Scan の他に図 5.5 に示す 2 種類の Scan がある．どの Scan が使われるかは，DC 係数の Block 間予測方向により決まり，予測が水平方向からなら Vertical Scan が，垂直方向なら Horizontal Scan が，その他の場合に Zigzag Scan となる．

　　　（a）Horizontal Scan　　　　　　（b）Vertical Scan

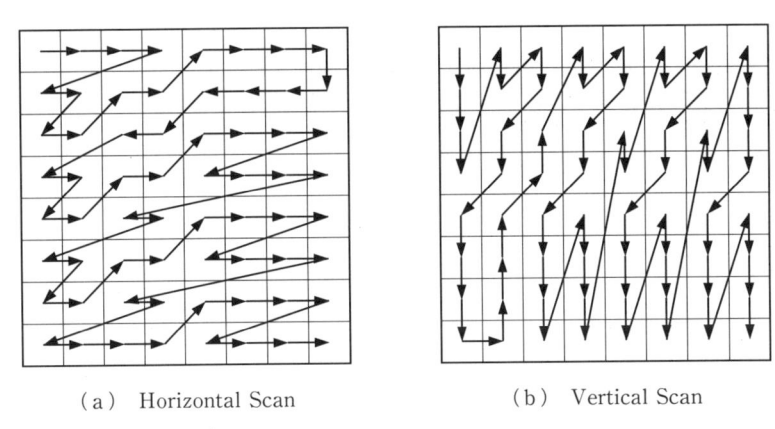

図 5.5　Alternate Scan

（2）3 D-VLC

DCT の AC 係数の VLC は基本的には「Run」「Level」の 2 次元であるが，EOB (End Of Block) を使う代わりに，「最後の非 0 かどうか」の情報をもうひとつの次元として設定した 3 次元となっている．この例を図 5.6 に示す．

（3）その他の VLC

CBP (Coded Block Pattern) の符号化構造が異なり，Y と C で分けられている．

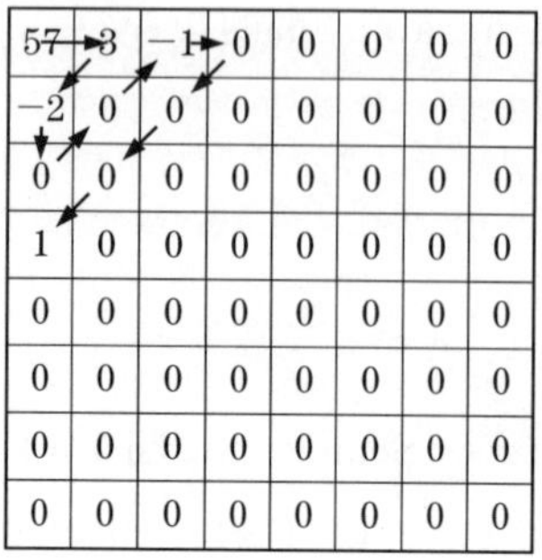

5. MPEG-4

```
( 0 57 0 )
( 0  3 0 )
( 0 -2 0 )
( 2 -1 0 )
( 3  1 1 )
```

図 5.6　3 D-VLC

5.2.6　Error Resilient

MPEG-4 は，移動体通信に備えてエラー耐性を強化している．伝送路でエラーが生じた場合に，それを検出してデコーダで誤りの影響が少なくできるようになっている．具体的な技術としてつぎのようなものがある．

（1）　Resync Marker

再同期マーカをパケットの先頭に挿入する．このマーカには，復号化に必要な情報を挿入しておき，VOP 内でエラーが生じたときでも，このマーカから復号化できるようにする．

（2）　Data Partitioning

パケット内でのデータ位置優先付けであり，通常動きベクトルなど画像復号化上重要度の高い情報と，テクスチャ（DCT）情報とに分け，前者を同期に続けて先に送れるようにしたものである．2種類の情報の境界にもマーカを入れ，前者の途中でエラーが生じても，復号化できた動きベクトルに対応したテクスチャ情報は使えるようにする．

（3）　Reversible VLC

前後いずれから復号しても一意に確定する可変長符号である．復号化における違いを通常の VLC と比較して図 5.7 に示す．エラーが生じた場合，通常の VLC ではそこからつぎの同期まで復号化できない．Reversible VLC の場合，つぎの同期から逆方向にさかのぼって復号化することで，エラー箇所まで復号

(a) 通常 VLC の場合

(b) Reversible VLC の場合

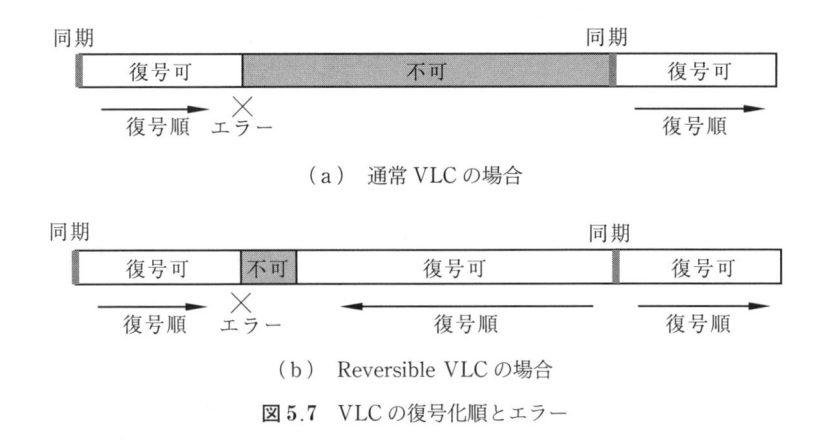

図 5.7　VLC の復号化順とエラー

化可能となり，より多くの情報を復号化できる．

5.3　Profile 別の符号化処理

表 5.4 に示されるように，Profile により使用できる Tool（技術）が異なる．ここでは，Simple 以外のおもな Profile で使われる Tool について，Profile ごとに説明する．

5.3.1　Core Profile
（1）　B-VOP

B-VOP の基本は MPEG-2 の B-picture と同様であるが，異なる点がいくつかある．予測モード（Macroblock_type）として，MV 情報を節約できる direct mode がある．これは，図 5.8 のように一つの共通 MV で双方向予測を行うもので，その際に dMV で微小修正が可能である．

一方，B-VOP では Intra（独立）モードがなく，予測がうまくできない場合でも，必ず予測となる．また，Skip Macroblock の規約が異なり，図 5.9 に示されるように P-VOP の Macroblock が Skip である場合には，挟まれる B-VOP の Macroblock が強制的に Skip（予測残差なし）となる．これらは，

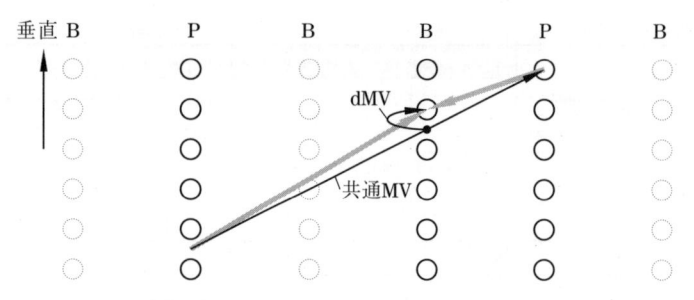

図 5.8 Direct Bi-directional prediction

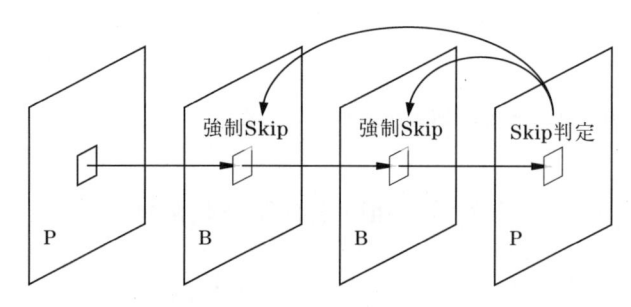

図 5.9 B-VOP Skip Macroblock

情報削減上は有効だが，特に強制 Skip は問題を生じる可能性がある。

(2) Shape

MPEG-4 の特徴の一つであるオブジェクト単位の符号化を実現するもので，形状（Shape）は図 5.10 に示されるように，Macroblock と，Macroblock 内の画素マッピングで示される。ベクトルフォントのような表現ではない。境

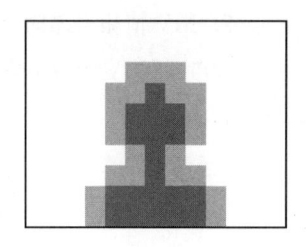

（a） Macroblock 区分　　　　（b） Macroblock 内境界画素

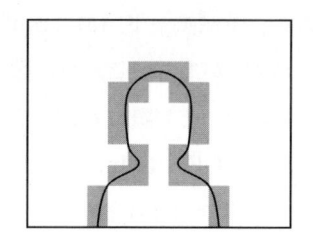

図 5.10　形状符号化

界は Core Profile では画素ごとに 2 値（1 bit）で示されるので，背景とオブジェクトは画素単位で切り替わることになり，斜めエッジなどでエリアッシングを生じることになる．

5.3.2 Main Profile
（1） Interlaced
MPEG-4 は基本的に低ビットレート向けであり，したがって扱う画像も CIF や QVGA といった画素数の少ないプログレッシブ走査画像が中心である．そのためインターレース走査画像対応は MPEG-2 と比較してやや簡易になっている．

MPEG-2 では Picture として，Field picture と Frame picture があったが，MPEG-4 では Frame picture のみである．処理方法は，基本的に MPEG-2 の Frame picture の場合とほぼ同様で，予測と DCT の両方が Frame と Field に切り替わる．また，Field の場合は，16×8 となるので，4 MV（8×8 MC）は使えない．

（2） Gray Shape
Core Profile で使うことのできる Shape は，境界表現が 2 値であったが，Main Profile では Gray Scale（8 bit）で示される．これにより，背景部分とオブジェクトのつながりが自然になるが，Shape の情報量は多くなる．また，オブジェクトの検出精度が高くないと有効にならない．

5.3.3 Advanced Simple
（1） Quarter Pel
通常の MPEG-4 は 0.5 画素精度であるが，ASP は 0.25 画素となる．処理は図 5.11 に示されるように 2 段階で行われ，0.5 画素精度位置の補間画素を 8 タップのリサンプリングフィルタで作り，残りの 0.25 画素精度位置の画素は，隣接する 0.5 画素精度位置の画素の平均値としている．

8 タップフィルタは処理量が多く，メモリ速度も高くなる．処理を 2 段とし

118   5.   MPEG-4

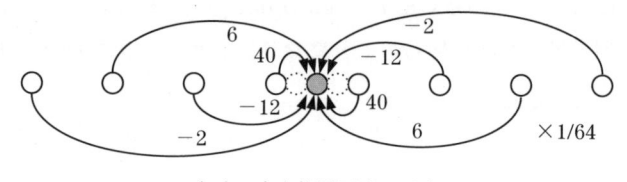

（a） 中央位置画素の形成

（b） 1/4 位置画素の形成

図 5.11 Quarter Pel

ているので，動き推定では合理的だが，動き補償処理では整数画素位置以外で8タップフィルタが必ず必要になる．また，このフィルタは，周波数特性で高い周波数が上がり過ぎており，予測残差はむしろ多くなる．

（2） **Global MC**

MPEG-4 の Global MC は，一般的にそう呼ばれる技術よりやや限定的な処理である．Global MC を行うかどうかは，Macroblock 単位で決定され，Global MC となる Macroblock は図 5.12 に示されるように周辺の Macroblock の MV から画素単位で線形補間された MV により動き補償が行われる．すなわち Block 内が同一の動きでなく，拡大縮小変形されることになる．この処理は復号化器でも大変処理量が多い．なお図の MV は 8×8 本であるが，

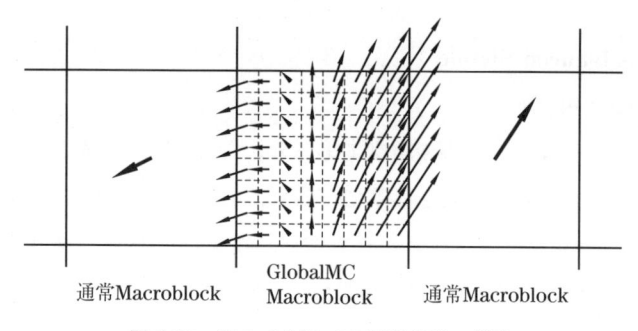

図 5.12 Global MC での画素 MV の概念

実際は 16×16 画素なので 16×16 本である。

5.3.4 Studio Profile

Studio Profile は放送機材用で，他の Profile と技術内容がかなり異なり，実質上別方式と見た方が良い。その概要を，従来の放送機材用である MPEG-2 の 4:2:2 Profile と対比させて，**表 5.7** に示す。ビット，カラーフォーマット，機能は拡張されているが，Picture タイプはむしろ限定されている。

各 Level の代表パラメータを**表 5.8** に示すが，表 5.6 の他 Profile と比較してかなり大きな値になっている。表で 4:4:4 は 4:2:2:4（α プレーン追

表 5.7　MPEG-4 Studio Profile の概要

技術項目	MPEG-2 4:2:2	MPEG-4 Simple Studio	MPEG-4 Core Studio
最大画像	1920×1080	2024×2024	2024×2024
カラーフォーマット	4:2:2	4:2:2/4:4:4	4:2:2/4:4:4
最大階調	8 bit	12 bit	10 bit
最高ビットレート	300 Mbps	1.8 Gbps	900 Mbps
Picture タイプ	I/P/B	I	I/P
α プレーン	なし	あり	あり
ロスレス	不可	可	可

表 5.8　MPEG-4 Studio Profile の各 Level と代表パラメータ

Profile	Level	$H \times V / F$ (fps)	bitrate	VBV	bit
Simple Studio	L 1 (BT.601, 444)	720×512×30	180 Mbps	9 Mbit	10 bit
	L 2 (1080i, 422)	1920×1088×30	600 Mbps	30 Mbit	10 bit
	L 3 (1080i, 444)	1920×1088×30	900 Mbps	45 Mbit	12 bit
	L 4 (1080p, 444)	1920×1088×60	1800 Mbps	67.5 Mbit	12 bit
Core Studio	L 1 (BT.601, 444)	720×512×30	90 Mbps	9 Mbit	10 bit
	L 2 (1080i, 422)	1920×1088×30	300 Mbps	30 Mbit	10 bit
	L 3 (1080i, 444)	1920×1088×30	450 Mbps	45 Mbit	10 bit
	L 4 (1080p, 444)	1920×1088×60	900 Mbps	67.5 Mbit	10 bit

1 Mbps＝1 000 000 bps，　1 Mbit＝1 048 576 bit

加）でも良い。1 088×30＝32 640 は，32 768＝2^{15} に切り上げされている。また，ビット深さはすべて 10 bit ないし 12 bit となっている。

（1） 4：2：2/4：4：4

対応カラーフォーマットの拡張で，4：2：2 のみならず，4：4：4（RGB）まで可能になっている。主たる違いは，図 5.13 に示されるように Macroblock 内の Block が増加することである。これに合わせて量子化マトリックスも変更される。

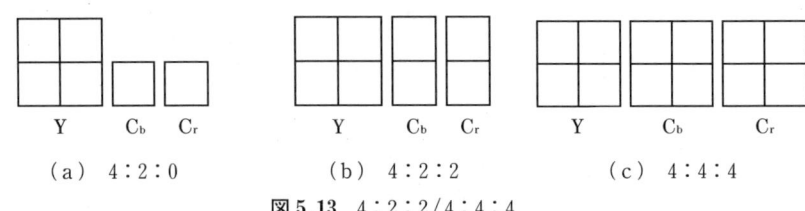

(a) 4：2：0　　(b) 4：2：2　　(c) 4：4：4

図 5.13　4：2：2/4：4：4

（2） bit 拡張

MPEG-2 4：2：2 Profile の対応する画像信号は 8 bit のみである。一方，放送局の映像設備は 10 bit が基本なので，それに対応する必要がある。bit 拡張のためには，基本的な信号処理精度の規約拡張と，DCT 係数の VLC 拡張が必要になる。DCT の精度は，従来の 12 bit（8 bit＋4 bit）に対し，入力画像のビット数＋7 bit とし，ロスレスまで対応する。

（3） 量子化

通常の MPEG-2/4 の量子化は，Intra はデッドゾーンがないが，Inter はデッドゾーンを持つ。Studio Profile はビットレートが高く，予測残差も多く符号化するので，Intra との差を少なくするため，Inter のデッドゾーンは半分とされている。

（4） VLC

Studio Profile はビットレートが高く，非 0 係数の発生頻度も高いので，通常の MPEG-4 の VLC ではミスマッチ（VLC が想定した発生確率と異なる）となりやすい。そこで VLC のミスマッチを減らすため，22 種類のテーブルを

準備する。そこで隣接 Block との類似性を利用し，符号化済みを Block の係数発生状況により，VLC テーブルを選択する。さらに汎用性を高めるため，VLC テーブルの伝送（ダウンロード）も可能とする。

演 習 問 題

（1） MPEG-4 Simple, Core, Main, Advanced Simple 各 Profile の特徴的な処理の違いを示し，用途を検討せよ。
（2） MPEG-4 Main Profile の P-picture 画像間予測で，MPEG-2 と異なる点を上げ，符号化効率の違いを検討せよ。
（3） MPEG-4 Advanced Simple Profile で，Simple Profile に対して，追加された技術を示し，符号化効率の違いを検討せよ。
（4） MPEG-2 4：2：2 Profile と MPEG-4 Studio Profile の違いを示し，放送機材としての有効性を検討せよ。

6 MPEG-4 AVC (H.264)/VC-1

6.1 MPEG-4 AVC (H.264) 規格概要

6.1.1 規格の経緯

　MPEG-4（H.263）の効率改善が十分でなかったため，ITU で従来方式との互換性を考慮せずに，より高い符号化効率の方式が検討された。方式の骨子ができた段階で，ISO/IEC とのジョイントで標準化作業が行われ，共通の方式として 2003 年に標準制定された。さらに，4：2：2, 10 bit, 8×8 DCT などの高解像度・高画質向け技術を入れたバージョン 3 が制定された。

　基本的な処理構成は MPEG-2/4 と同系であるが，符号化効率を最優先に考え新機軸が多く導入された結果，MPEG-2 比で 2 倍以上の効率改善が得られた。ただし，高解像度・高画質の領域では，そこまで顕著な差はない。

　応用としてはディジタル地上波放送の移動体向け 1 セグメント放送の他，HD-DVD, Blu-Ray などの蓄積媒体や Mac-OS でも使用される。

6.1.2 規格の構成

　ISO/IEC では MPEG-4 の Part 10 (ISO/IEC 14496-10) となり，通常 AVC (Advanced Video Coding) と呼ばれる。位置付けとしては MPEG-4 の一部であるが，Part 2（通常の MPEG-4 Video 規格）との互換性はない。ITU の方の名称は H.263 のつぎという位置付けで H.264 である。規格内容はまったく同一である。また，一つの Part なので映像符号化のみで，音声や

多重化（System）に関する規格はない。

(1) **Profile と応用**

MPEG-4 のように機能面でいろいろな Profile はなく，おおむね処理の複雑さとエラー対応機能で設定されている。ただし，単純なオニオン構造でなく，Extended は Baseline のすべてを含むが，Main は Baseline のすべてを含まない。

初期 Profile の使用技術を**表 6.1** に示す。B-picture や Interlaced 対応を持たず処理が軽い Baseline は，低レートでのモバイル応用を意識したものである。Main は処理の重い CABAC を持つが，エラー対応は希薄となり，パッケージメディア向けといえる。Extended はエラー対応やストリームスイッチが強化されているので，ネット向けといえる。

表 6.1　MPEG-4 AVC の初期 Profile と使用技術

技術項目	Baseline	Main	Extended
Basic	○	○	○
B-predictive Slices	－	○	○
Weighted Prediction	－	○	○
Adaptive Frame/Field	－	○	○
CABAC	－	○	－
Arbitrary Slice Order	○	－	○
Flexible Macroblock Order	○	－	○
Redundant Slices	○	－	○
Data Partitioned Slices	－	－	○
SP and SI Slices	－	－	○

バージョン 3 で追加された Profile は，基本的には Main Profile と同様で，High Profile は 8×8 DCT が使用でき，HDTV など高精細・高画質向けである。他の 10 bit Profile，4：2：2 Profile，4：4：4 Profile は，その名のとおりの特徴を持ち，おもにプロビデオ機器やディジタルシネマ用である。

(2) **Level と画像フォーマット**

MPEG-2，4 と同様に，Level はデコーダ処理能力の規定である。ただし，

初期 3 Profile で違いはない．代表 Level の各パラメータ値を**表 6.2** に示す．Level 数はかなり多いが，表のもの以外は補助的である．パラメータは，画素レートや画像サイズが MB 数で規定される他，MPEG-2 の VBV に相当するデータバッファ CPB がある．MPEG-2/4 にないものとして画像バッファ DPB がある．表の他に動きベクトル垂直方向最大値，最低圧縮率なども規定される．また，追加 Profile では CPB の値が増やされている．

表 6.2 MPEG-4 AVC (H.264) の代表 Level の各パラメータ値

Level	画素レート MB/s	画像サイズ MBs	DPB 1024 bytes	bitrate 1000 bps	CPB 1000 bps	画像例
1	1485	99	148.5	64	175	QCIF
1.2	6000	396	891.0	384	1000	CIF/15 fps
2	11880	396	891.0	2000	2000	CIF
3	40500	1620	3037.0	10000	10000	720×480/60i
4	245760	8192	12288.0	20000	25000	1080/60i
5	552960	21696	40680.0	135000	135000	2560×1920/30p

6.2 Basic（Profile 共通）符号化処理

6.2.1 処理概要

全 Profile に共通な処理について説明する．処理は MPEG-2/4 同様に動き補償 DCT の範疇であるが，MPEG-2 と MPEG-4 の差が少ないのに対し，AVC はかなり変わっている．

基本 Profile での従来規格との比較を**表 6.3** に示すが，最も大きな違いは 8×8 DCT に対して大幅に簡略化された 4×4 DCT が用いられる点であろう．これに関連して，Intra ブロック間予測，量子化，可変長符号化が大きく異なり，動き補償ブロックも最少 4×4 となっている．画質面では Loop Filter の使用の影響が強い．ただし，Coeff_token による DCT 係数の符号化は，効率改善というより特許回避の印象が強い．

6.2 Basic（Profile 共通）符号化処理

表 6.3 基本 Profile での従来規格との比較

技術内容	MPEG-2 Simple	MPEG-4 Simple	MPEG-4 AVC Base Line
Intra Prediction	DC	DC, AC	Pixel
MC size	16×16, 16×8	16×16, 8×8	16×16〜4×4
MC Accuracy	0.5	0.5	0.25
Transform Block Size	8×8	8×8	4×4
AC-coeff. VLC	2 D Huffman	3 D Huffman	Coeff_token
Spatial Filter	None	(Post)	Loop

6.2.2 Slice 構造

Picture 単位のものが，すべて Slice 単位でできるようになっている．また Slice 構造も柔軟になっている．MPEG-2 との違いを図 6.1 に示すが，MPEG-2 では，フレーム内の I/P/B は同一で，Slice は短く分割できるが，画像端で終わる必要がある．AVC では I/P/B で異なったものが混在でき，長さの制約もない．

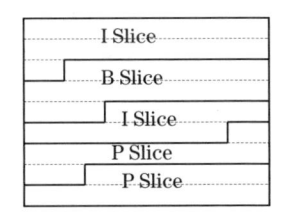

（a） MPEG-2 の場合の例　　（b） AVC（H.264）の場合の例

図 6.1　Slice 構造

6.2.3 画像内（Intra）予測

Intra-Picture および Intra-MB は，画面内符号化済み Block から予測された後に符号化される．Block 間の予測は，MPEG-2 は DC 成分のみ，MPEG-4 では垂直水平のいずれかが DC の係数について行われていたが，AVC では隣接 Block の画素値から対象 Block 内のすべての画素値が予測される．概要

を表 6.4 に示すが，輝度信号処理単位は Macroblock と同じ 16×16 画素と，それを縦横 4 分割した 4×4 画素単位がある。色差信号は輝度の 16×16 画素に対応する 8×8 画素のみである。

表 6.4　Intra 予測

信号成分	輝度(Y)		色差(Cb，Cr)
処理 Block サイズ	16×16	4×4	8×8
予測方向モード数	4	9	4
MB 内モード情報数	1	16(Scan)	1

（1）　4×4 画素 Block 間予測

AVC は DCT サイズが 4×4 と小さく Block 相関が高いので，より効率的な相関除去として各画素値に対しての予測が行われる。予測は符号化済 Block の隣接画素を用いて，図 6.2 の 8 種類の方向と周辺画素平均値の 9 モードから最適なものが選択される。なお，画像端で予想参照画素が存在しないモードは除外されるが，右端の場合のみ画像外右側に 4 画素コピーされたものが使われる。

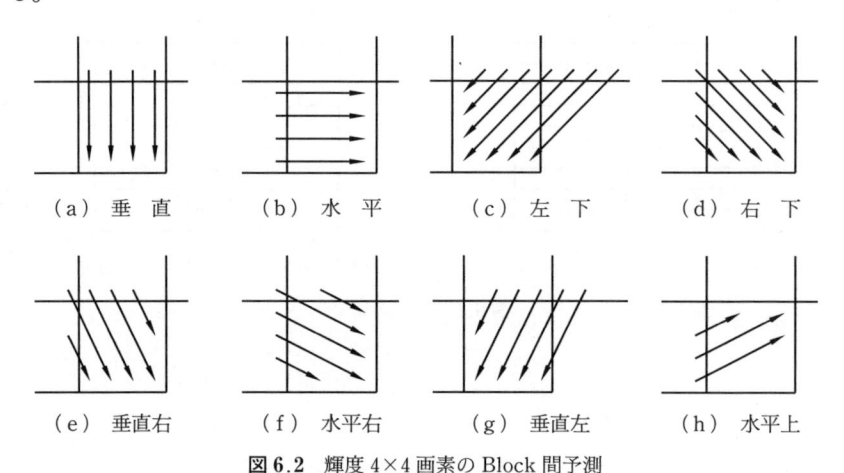

（a）垂　直　　（b）水　平　　（c）左　下　　（d）右　下

（e）垂直右　　（f）水平右　　（g）垂直左　　（h）水平上

図 6.2　輝度 4×4 画素の Block 間予測

（2）　16×16/8×8 画素 Block 間予測

大面積平坦部に対応して，輝度信号では 16×16 画素単位で扱う。この場合，予測モードは図 6.3 の 4 種類のみとなる。色信号はこれに準じた 8×8 画素単

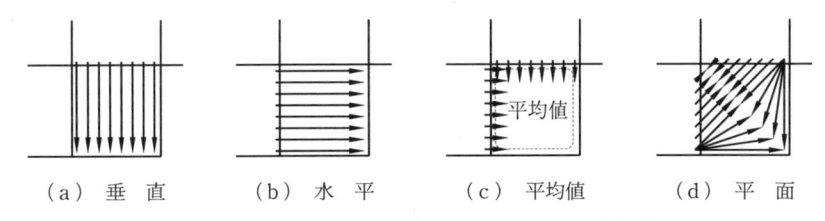

6.2 Basic（Profile 共通）符号化処理

```
(a) 垂 直    (b) 水 平    (c) 平均値    (d) 平 面
```

図 6.3 輝度 16×16（色差 8×8）画素 Block 間予測

位で扱う。輝度と色差でモード番号が異なり，輝度は 0 が垂直，1 が水平，2 が平均，3 が平面だが，色差は 0 と 2 が逆になる。

6.2.4 画像間予測

（1）予測参照画像

Picture（Slice）タイプは MPEG-2/4 と同様に I/P/B がある。P-picture の予測は MPEG-2/4 と比較して，参照画像の設定が大幅に柔軟になり，Level で決まる DPB（表 6.2 参照）制約内で**図 6.4** のように複数の画像を設定できる。

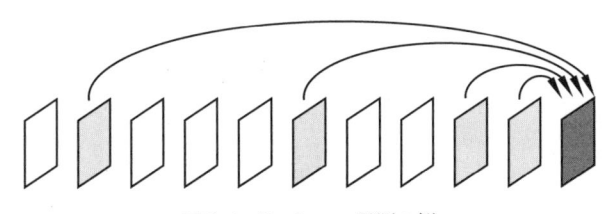

図 6.4 P-picture 予測の例

（2）予測 Block

予測 Block の大きさは，**図 6.5** のように 16×16 から 4×4 までダイナミックに変えられる。16×16 に対して 4 タイプあり，分割された 8×8 Block に対してさらに 4 タイプある。Block サイズは，動きベクトル情報量と予測残差（符号）量とのバランスで選択される。参照 Picture は最小 8×8 の単位で設定できる。

(a) Macroblock (16×16) の分割　　　(b) 8×8 Block の分割

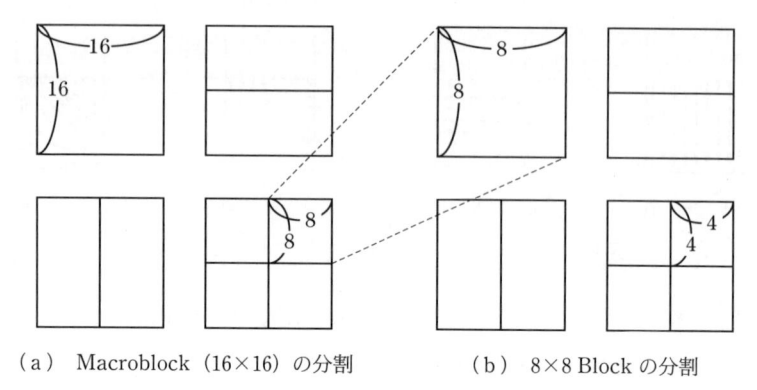

図 6.5　予測 Block 分割処理

(3)　**0.25 pel MC**

補間フィルタは MPEG-4 ASP と似ており，1/4 画素位置補間は半画素位置との単純加算である．ただし，半画素位置の補間フィルタは，6 タップとなり周波数特性も穏やか（オーバーシュートなし）になっている（**図 6.6**）．

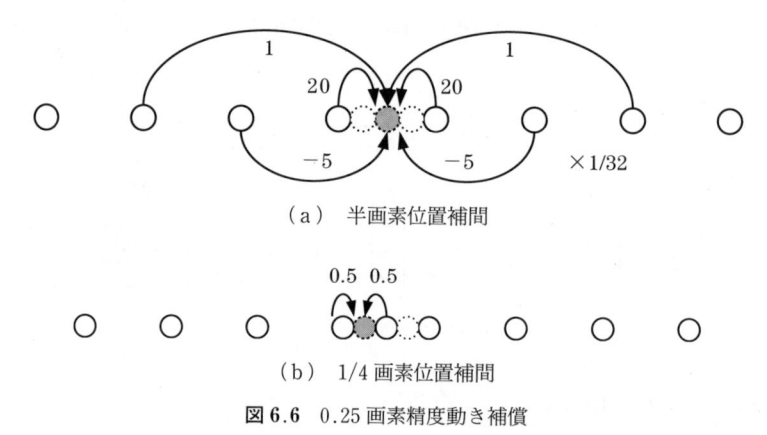

(a)　半画素位置補間

(b)　1/4 画素位置補間

図 6.6　0.25 画素精度動き補償

(4)　**de-blocking (Loop) Filter**

AVC の大きな特徴として de-blocking Filter の採用がある．このフィルタは画像予測ループ中にあるため Loop Filter でもある（**図 6.7**）．

Loop Filter は古くは H.261 にも使われていたが，考え方や処理内容・効果が大きく異なる．H.261 では予測信号の高い周波数成分を抑圧し，高い周波

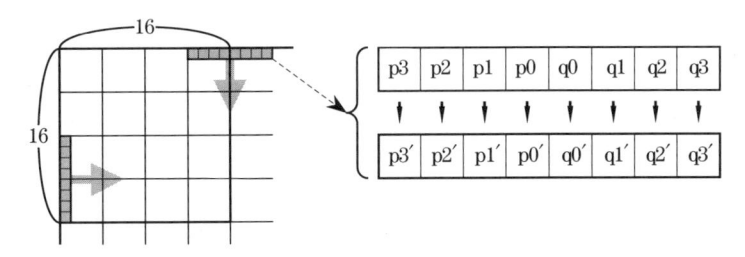

図 6.7 de-blocking (Loop) Filter

数成分において画像間予測を行わないようにしている。フィルタは線形で Block に閉じている。MPEG では，半画素精度の動き補償で予測誤差が少なくなり，半画素形成の空間リサンプルフィルタが類似効果を持つため Loop Filter が廃止された。

AVC において，予測誤差は 1/4 画素精度と 4×4 Block でより少なくなっている。にもかかわらず Loop Filter を使うのは，モスキートノイズや Block 歪みの軽減を目的とするもので，Block 境界に重点的に作用する。

フィルタの強度は Bs＝0（フィルタなし）から Bs＝4 まで 5 段で，Macroblock が Intra か，Macroblock の境界位置か，符号化されるかなどの条件で決められる。また，量子化値（QP）が大きくなるほど強くなり，この QP と強度の関係はシフト可能である。各画素のフィルタはフィルタ強度と画素位置によりタップ係数が決められる。

フィルタが強いと，モスキートノイズや Block 歪みの発生を押さえられる反面，ややディテールを失う傾向になり，再生画質はクリーンであるが，やや不自然な印象となる。

6.2.5　DCT と量子化

（1）直 交 変 換

輝度（Y）信号の直交変換は 4×4 DCT の係数を極簡単な整数にしたものが使われる。変換および逆変換は，**図 6.8** に示される単純な乗算器では 4 bit（−4〜3）であるが，乗数の絶対値は 2 種類（1 と 2）だけなので，正負の符

$$
\begin{bmatrix} 1 & 1 & 1 & 1 \\ 2 & 1 & -1 & -2 \\ 1 & -1 & -1 & 1 \\ 1 & -2 & 2 & -1 \end{bmatrix}
\begin{bmatrix} P_{00} & P_{01} & P_{02} & P_{03} \\ P_{10} & P_{11} & P_{12} & P_{13} \\ P_{20} & P_{21} & P_{22} & P_{23} \\ P_{30} & P_{31} & P_{32} & P_{33} \end{bmatrix}
\begin{bmatrix} 1 & 2 & 1 & 1 \\ 1 & 1 & -1 & 2 \\ 1 & -1 & -1 & 2 \\ 1 & -2 & 1 & 1 \end{bmatrix}
$$

図 6.8　輝度 (Y) 4×4 DCT

号を含めて 2 bit で対応可能である．なおこの係数のみでは，ゲインが合わないので，逆量子化と一体化されてそれぞれ補正される．色信号は 2×2 なので，和と差のみでアダマール変換と同じになる．

(2) DC 成分のアダマール変換

DCT 係数の内 DC 成分は図 6.9 のように Macroblock (16×16) で集められ，下記変換行列で示される 4×4 のアダマール変換が適用される．

$$
\frac{1}{2}\begin{bmatrix} 1 & 1 & 1 & 1 \\ 1 & 1 & -1 & -1 \\ 1 & -1 & -1 & 1 \\ 1 & -1 & 1 & -1 \end{bmatrix}
$$

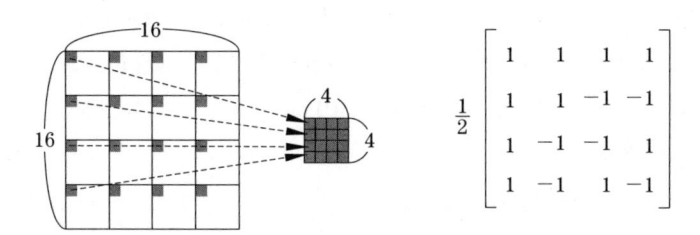

図 6.9　4×4 アダマール変換

(3) 量　子　化

MPEG-2 の Intra の形態（デッドゾーンなし）が Intra/Inter ともに使われる．なお，MPEG-2/4 の 8×8 DCT で使われるマトリクスはなく，各係数は等価に量子化される．量子化パラメータ QP はおおむね量子化ステップの対数に対応し，画質制御がスムーズに行えるようになっている．また，QP は 52 段階で対応する画質（ビットレート）レンジも広くなっている．

6.2.6 VLC

（1） Scan

直交変換係数は，MPEG-2/4と同様に1次元への変換のためScanが行われる。直交変換が4×4なので，Scanもそれに合わせる。つぎの2タイプがある（図6.10）。

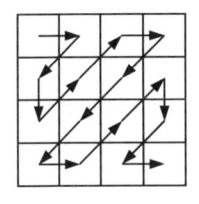

（a） Zigzag Scan　　（b） Field Scan

図6.10　Scanning

（2） 汎用符号化（Exponential Golomb）

AVCでは，個々の情報に対してそれぞれ専用の符号表を用意せず，汎用化されたものを用いる。用いられるのはExponential Golombと呼ばれるもので

　　　Prefix（0-Nbit）＋Separetor（1 bit）＋Suffix（0-Nbit）

で構成される。

（3） CAVLC

DCT係数には，より高度な符号化方法としてCAVLC（Context-Adaptive Variable Length Coding）が用いられる。

MPEG-2(4)のように，RunとLevelによる2(3)次元符号表ではなく，独特のものとなっている。16個の係数はつぎのような6種類の情報に分解されるが，これらにより全係数は一意に確定できる。

Scanされた係数：$+50, +4, 0, -3, 0, 0, 0, +2, -1, 0, 0, +1, 0, 0, 0, 0$

　1） Non-0係数の前の0の連続数（run_before）：2, 3, 1
　2） Non-0係数値（level）：1, -1, 2, -3, 4, 50
　3） Non-0係数の個数（Totalcoeff）〈複数〉：6
　4） 最後のNon-0係数以前の0の個数（total_zeros）：2

5) 最後に連続する絶対値1の係数の個数（Trailing Ones）：2
6) 最後に連続する絶対値1の係数の符号（Trailing_one_sign_flag）：
   ＋，−

（4） MV 情報の符号化

基本的には MPEG-4 と同様で，符号化済みの隣接 Block の MV の中央値で予測し，その差分を符号化する。MPEG-4 と比べて Block サイズが多様化しているので MV 予測の参照 Block 決定は複雑となる。概要を図 6.11 に示すが，矢印の元が参照 Block で矢印の先が被予測 Block である。16×16 や 8×8 の場合は，左の最上，上の最左，右上の Block の 3 MV の中央値とする。16×8 や 8×16 の場合は，左は左，右は右上，上は上の最も左，下は右から予測する。

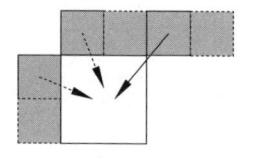

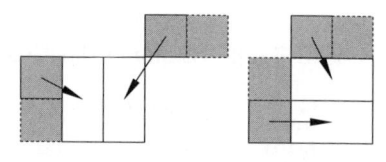

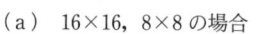

　　　（a）　16×16, 8×8 の場合　　　　　　（b）　16×8, 8×16 の場合

図 6.11　MV 情報の符号化での Block 間予測

6.3　Profile 共通以外の処理

6.3.1　画像間予測

（1）　B-picture（slice）

B-picture は基本的には MPEG-2/4 と類似し，その予測構造を図 6.12 に示すが，参照は必ずしも両方向でなく，片方向の二つの Picture でも良い。また B-picture 自身も参照 Picture となりうる。各モードの切替は 16×16 ないし 8×8 画素単位で，表 6.5 に示される Macroblock タイプがある。L0 予測 L1 予測は，おおむね順方向予測，逆方向予測に該当するが，方向は必ずしも限定されない。Bi-directional 予測は，双方向予測に該当するが，片方向の 2 枚ま

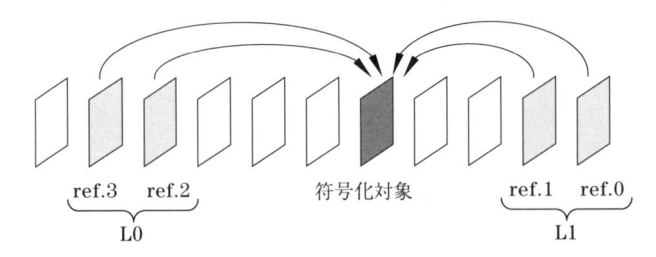

図 6.12 B-picture 予測構造

表 6.5 B-picture (Slice) Macroblock

Macroblock タイプ	内　容	MV 数	参照数
Intra	面内予測符号化	0	0
List L 0 prediction	順方向予測	1	1
List L 1 prediction	逆方向予測	1	1
Bi-prediction	2 参照予測	2	1 or 2
direct	1 MV による双方向予測	1	2

たは 1 枚の中の 2 箇所でも良い．

（2） direct mode

B-picture での予測モードの一つとして，direct mode がある．これは MPEG-4 のそれと類似するが，図 6.13 に示される時間と空間の 2 種類があり，他 Block の MV を流用することでより符号量を削減する．

時間 direct は参照画像間に存在する基準 MV（アンカー Block の MV）を Picture の時間関係に応じて分割して用いる．

空間 direct は，基本的には符号化対象内の符号化済み MV を基準とするが，

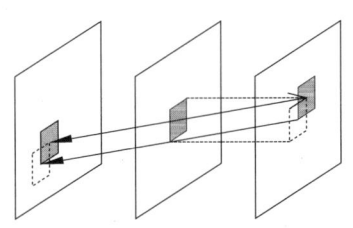

図 6.13 時間 direct mode の概要

時間 direct と同様な処理も用いられる．

（3） Interlaced 対応

画像間予測は，インターレース走査対応としてモードを設定するのではなく，通常の画像間予測モードを使いこなす．L0 の L1 の二つの Picture を Top Field と Bottom Field に対応させると MPEG-2 と同様な予測が実現できる．

MPEG-2 の Frame picture に類似するが，基本的に垂直方向に 2 Macroblock を束ねた単位で，Frame と Field が切り替えられる．その様子を図 6.14 に示す．これにより，Field 型となっても Macroblock はそのままなので，Macroblock の処理はすべて有効で，MPEG-4 では 8×8 MC などができなくなるのと異なる．

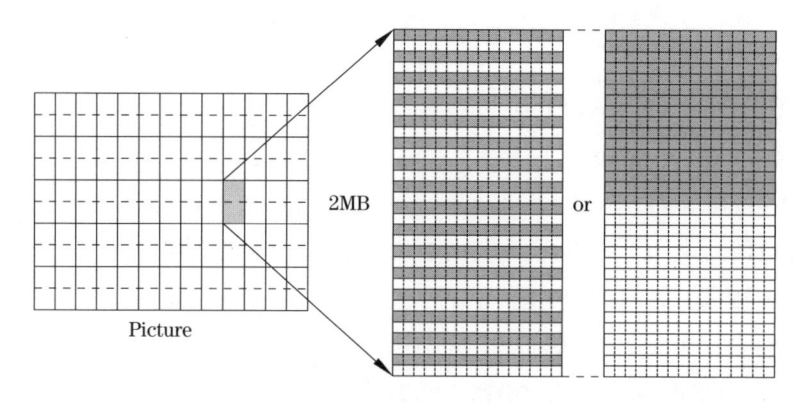

図 6.14　Macroblock の Interlaced 対応

（4） Weighted

フェードチェンジ（フェードイン，フェードアウト）など，フレーム間で輝度値が徐々に変化するものに対応した予測として Weighted Prediction がある．その様子を図 6.15 に示すが，重み係数は，片方方向予測では，重みの値 W を任意設定する．B-picture の双予測の場合は，Picture 距離に応じたものと，任意設定したものが選べる．

（a） P-picture の場合　　　　（b） B-picture の場合

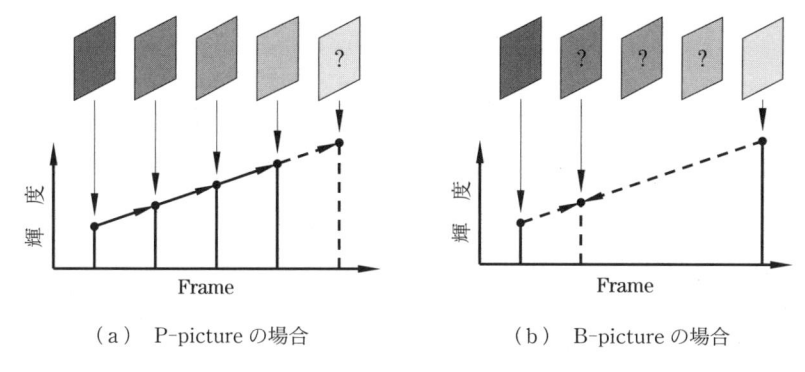

図 6.15　Weighted Prediction の例

6.3.2　DCT および量子化

（1）　8×8 DCT

拡張 Profile では 4×4 DCT の他に整数型の 8×8 DCT も使用できる。これは，HDTV など高解像画像向けの処理となる。8×8 DCT は 4 個の 4×4 DCT と切替可能である。Block 間予測は Y 信号 4×4 DCT と同様な 9 モードとなる。また，MPEG-2/4 と同様に量子化マトリックスが使われる。Scan は通常の Zigzag とフィールド用の 2 種類で，フィールド用は MPEG-2/4 と異なる。

6.3.3　可変長符号化

（1）　CABAC

CABAC は Context-Adaptive Binary Arithmetic Cording の略で，通常の 2 値算術符号化に加えて，各種多値情報を 2 値（0/1）に変換する処理と，被符号化 2 値信号の発生確率を計算するコンテキスト計算処理をあわせ持つ。発生情報のエントロピーに対してほぼ無駄のない符号化が可能になる。

6.3.4　符号誤り対応機能

（1）　FMO（Flexible Macroblock Ordering）

7 種類のパターンで，Slice 形状と Slice 内の Macroblock の順番を設定する。代表的なパターンとしては，インターリーブ（交互）やディスパース（拡

散）させる．エラー発生時に上下の Macroblock で補間できる可能性が高まる．

（2） ASO（Arbitrary Slice Order）

通常と異なった任意の順番で Slice を送出するもので，Slice が短ければ FMO より簡易に同様な効果が得られる．

（3） DP（Data Partitioning）

MPEG-4 の Data Partitioning と同様の考えに基づくものであるが，より実用的となっている．分割が3クラス（ヘッダ類，MV，DCT）となっており，それぞれが異なったパケットに振り分けられる．優先情報のパケットのエラー率が低ければ，それだけでエラー耐性が良くなる．

（4） SP/SI

SP は Switching P-picture，SI は Switching I-picture であり，ストリーミングなどネットワークでのストリーム切替に対応する．A，B 二つのストリームで，ストリーム A のフレームから予測されるストリーム B のフレーム（SP）を作ることで，ストリーム A からストリーム B への切替を容易にする．フレーム間予測でなく，フレーム内予測としたものが SI である．

6.4　SMPTE VC-1 規格概要

6.4.1　規　格　経　緯

Windows の動画像再生ツールである Windows Media Video は元々 MPEG-4 SP をベースにしていたが，Version 9（Windows Media Video 9）に至って独自方式となった．この方式が SMPTE に提案され，VC-9 として標準化審議された．その後 VC-1 と名称変更された．

技術的には MPEG-4 の延長で，H.264 ほど斬新ではないが，HDTV では同等の符号化効率で処理はかなり軽く，HD-DVD や Blu-Ray に採用された．

6.4.2 Profile と応用

Profile は 3 段構成で，基本的にオニオン構成になっている．主要技術としては，Main で B-picture が入り，Advanced で Interlaced 対応となる．Simple はモバイル機器，Main が簡易 Internet 用，Advanced がパッケージメディアおよび本格的な動画配信用といえる（**表 6.6**）．

表 6.6 VC-1 の Profile と代表的使用技術

技術項目	Simple	Main	Advanced
Basic	○	○	○
Quarter-pixel MC U, V	−	○	○
Start codes	−	○	○
Extended Motion vectors	−	○	○
Loop Filter	−	○	○
Dynamic resolution change	−	○	○
Adaptive macroblock quantization	−	○	○
Bi-directional (B) Frame	−	○	○
Intensity compensation	−	○	○
Range adjustment	−	○	○
Interlace: Field/frame coding	−	−	○
Self descriptive fields / flags	−	−	○
GOP layer	−	−	○
Display metadata	−	−	○

6.4.3 Level と対応画像

Level 設定は Profile により異なる．Simple Profile は低解像度向けなので HL はなく，LL，ML も Main Profile のものより一段低い．Advanced Profile は呼び方が異なり，L0〜L4 となり，L0 が Main の Low，L1 が Main の Medium，L3 が Main の High に近い．表の他に MV の最大レンジも規定されている（**表 6.7**）．

表6.7　VC-1のLevelとパラメータ

Profile	Level	Sample MB/s	Frame MB/f	bitrate kbps	Buffer 16 Kbit	画像例
Simple	Low	1485	99	96	20	QCIF，15 Hz
	Medium	7200	396	384	77	QVGA，24 Hz
Main	Low	11880	396	2000	306	CIF，30 Hz
	Medium	40500	1620	10000	611	480/30p, 576/25p
	High	245760	8192	20000	2442	1080/30p
Advanced	L 0	11880	396	2000	250	CIF，30 Hz
	L 1	48600	1620	450000	1250	480/60i，576/50i
	L 2	110400	3600	1350000	2500	480/60p, 720/30p
	L 3	245760	8192	450000	5500	1080/60i, 720/60p
	L 4	491520	16384	1350000	1600	1080/60p

k＝1000，K＝1024

6.5　Simple Profile（全 Profile 共通）の処理

基本的に MPEG-4 SP の延長上の技術で，おもに Block 細分化と符号表種類の拡張を行っている．ここでは，特徴的な処理のみを上げる．

6.5.1　動　き　補　償

動き補償画像間予測に関しては MPEG-4 とあまり差がなく，0.25 画素形成方法が異なる程度である．

（1）　0.25 pel MC

画素移動フィルタは，AVC の6タップよりさらに少ない4タップである．1/4 画素位置も直接作られる．なお，Simple Profile では，色差信号は半画素

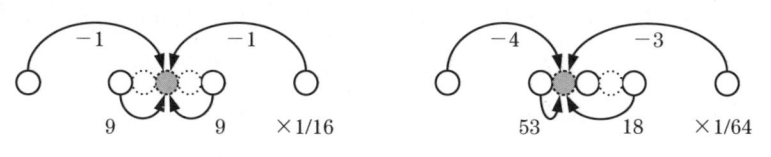

(a) 半画素位置補間　　(b) 1/4 画素位置補間

図 6.16　0.25 pel MC

6.5 Simple Profile（全 Profile 共通）の処理

までで 1/4 画素はない．係数はそれぞれ図 6.16 に示されるものである．

6.5.2 DCT および量子化

（1） DCT

予測残差（Inter）DCT が 8×8 の他に，8×4，4×8，4×4 と小 Block 化されている．分割の様子を図 6.17 に示す．また変換係数は整数で定義され，8次 IDCT と 4 次 IDCT が図 6.18 で定義されている．整数で定義されているので，MPEG-2 や 4 のような処理の違いによる誤差要因はない．

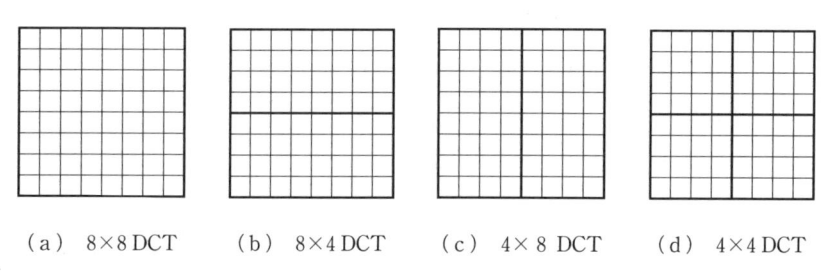

(a)　8×8 DCT　　(b)　8×4 DCT　　(c)　4×8 DCT　　(d)　4×4 DCT

図 6.17　DCT Block の分割

$$T^8 = \begin{bmatrix} 12 & 12 & 12 & 12 & 12 & 12 & 12 & 12 \\ 16 & 15 & 9 & 4 & -4 & -9 & -15 & -16 \\ 16 & 6 & -6 & -16 & -16 & -6 & 6 & 16 \\ 15 & -4 & -16 & -9 & 9 & 16 & 4 & -15 \\ 12 & -12 & -12 & 12 & 12 & -12 & -12 & 12 \\ 9 & -16 & 4 & 15 & -15 & -4 & 16 & -9 \\ 6 & -16 & 16 & -6 & -6 & 16 & -16 & 6 \\ 4 & -9 & 15 & -16 & 16 & -15 & 9 & -4 \end{bmatrix}$$

$$T^4 = \begin{bmatrix} 17 & 17 & 17 & 17 \\ 22 & 10 & -10 & -22 \\ 17 & -17 & 17 & -17 \\ 10 & -22 & 22 & -10 \end{bmatrix}$$

(a)　8 次 IDCT　　　　　　　　(b)　4 次 IDCT

図 6.18　IDCT

（2） Overlapped Transform

VC-1 で Overlapped Transform と呼ぶものは，一般的にそう呼ばれる処理と異なり，IDCT された画素（残差）の Block 境界スムージングである．図 6.19 のような空間フィルタが Intra 符号化 Block の境界部に施される．なお，

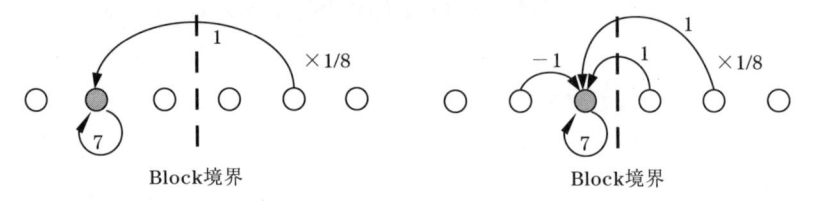

図 6.19 Overlapped Transform

境界右側は対称となる。この処理は原則的に量子化（PQUANT）が9以上の場合にのみ行うが，Advanced Profile では，さらに細かく規定される。

6.5.3 可変長符号化

（1）Scan

Intra のみ3種類あり，Inter はそれぞれのサイズで1種類である。8×8 の Scan の様子を図 6.20 に示すが，全体に垂直方向が早くなる順で，Horizontal が垂直水平均等である。$8\times 4/4\times 8/4\times 4$ は Scan 順の飛びが激しいので，

（a）Intra Normal　（b）Intra Horizontal　（c）Intra Vertical　（d）Inter 8×8

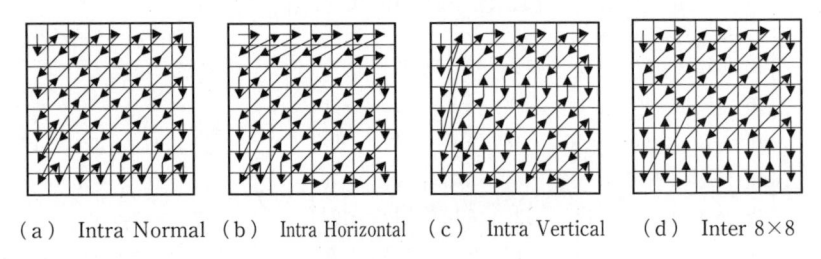

図 6.20　8×8 Scan

0	1	2	4	8	14	21	27
3	5	6	9	13	17	24	29
7	10	12	15	18	22	25	30
11	16	19	20	23	26	28	31

（a）Inter 8×4 Scan

0	2	7	19
1	4	9	22
3	6	12	24
5	10	15	26
8	14	18	28
11	17	23	29
13	20	25	30
16	21	27	31

（b）Inter 4×8 Scan

0	3	7	11
1	4	8	12
2	6	9	14
5	10	13	15

（c）Inter 4×4 Scan

図 6.21　$8\times 4/4\times 8/4\times 4$ Scan Order

図 6.21 に順番号を示す．

（2） **AC Coefficient Table**

可変長符号は MPEG-4 と同様な 3 次元ハフマン符号であるが，Scan や符号表の種類が増やされている．符号表は 7 種類（High Motion Intra, Low Motion Intra, Mid Rate Intra, High Rate Intra, Low Motion Inter, Mid Rate Inter, High Rate Inter）で，MPEG-2（2 種類）や MPEG-4（3 種類）より増やされている．使われる符号表は，この 7 種類から Intra と Inter，Y と C，量子化状況により**表 6.8** に示すように 3 種類が限定される．

表 6.8 AC 係数符号表選択

Intra-Y	Intra-C / Inter	Intra-Y	Intra-C / Inter
Q<=7	Q<=7 / Q<=6	Q>7	Q>7 / Q>6
High Rate Intra	High Rate Inter	Low Motion Intra	Low Motion Inter
High Motion Intra	High Motion Inter	High Motion Intra	High Motion Inter
Mid Rate Intra	Mid Rate Inter	Mid Rate Intra	Mid Rate Inter

（3） **Bitplane Coding**

Macroblock 単位に存在する諸情報は，その単位でなく Picture（Slice）でまとめられ，bitplane として扱われる．

6.6 Simple Profile 以外の処理概要

6.6.1 Main Profile

（1） **B-picture**

基本的に MPEG-4 と似ており，B-picture では 8×8 MC はなく，Intra MB もない．Direct mode も同様である．異なる点としては，参照 Picture は前後 2 フレームであるが，符号化済み B-picture も参照画像にできる．また，MPEG-4 で問題となっていた Skipped Macroblock の条件は変わり，P-picture と同じになった．P-picture が Skip でも強制的に Skip とはならない．

（2） Loop Filter

AVC と同様に In-Loop Deblocking Filter がある．処理は Picture タイプごとに異なり，I-picture では Block 境界部分画素がフィルタリングされる．

P-picture においては，MV の値が同じで両方 Not-Coded の Block 間には Block 歪みが生じないので，フィルタリングされない．Loop Filter 適用箇所の例を図 6.22 に示すが，細い線は Block 境界で，網がかかったのが Coded である．ここで，ぼかした線がフィルタリングされる境界部分である．B-picture は I-picture と同じで，Block に関係なく 8×8 Block の境界にかけられる．

フィルタは境界と垂直方向に 4 タップで，その強度は量子化テーブルで変えられる．

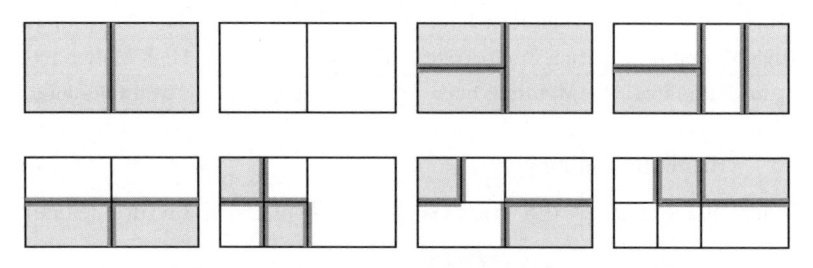

図 6.22　P-picture の Loop Filter 適用箇所の例

（3） Dynamic resolution change

フレームにより解像度を変更する．Macroblock 数などがすべて変更になる．

（4） Intensity compensation

AVC の Weighted に類似し，フェードチェンジに対応するもので，予測信号の輝度値を shift や scale する．scale は中央値（128）を中心に画素値が拡大縮小される．

6.6.2　Advanced Profile

Advanced Profile では表 6.6 に示されるように 4 項目が追加されるが，Interlace 以外は技術的な新規性がない．VC-1 のインターレース走査対応は，

基本的に MPEG-2 に類似する。Picture の段階で，Frame picture と Field picture がある。Field picture の場合参照 picture 数が増える以外は，プログレッシブ走査の場合に近い。P-picture は，符号化済みの最近とその前の I/P-picture が参照画像となる。B-picture は，前後にある連続する I/P-picture が参照画像となる。合計 4 フィールドとなる。

Frame picture の場合，MPEG-2 と同様に Macroblock 単位で予測と DCT の両方に Frame と Field がある。Loop Filter は，適用箇所がインターレース走査用にすべて変えられる。

演 習 問 題

（1） MPEG-4 AVC の各 Profile の関係，VC-1 の各 Profile の関係について考察せよ。
（2） MPEG-4 AVC における整数型直交変換のマトリクス，VC-1 の 4 次 DCT の整数型マトリクスと，正確な 4 次 DCT のマトリクスを比較し，誤差について検討せよ。
（3） インターレース走査対応の概要を MPEG-2，MPEG-4，MPEG-4 AVC，VC-1 で比較し，優劣を検討せよ。
（4） MPEG-4 AVC で SP，SI を用いたストリーム切替について述べ，SP と SI の違いを検討せよ。

7 MPEG 符号化制御

MPEG 規格で規定されているのはデコーダであり，エンコーダは自由となっている．本章では，規格ではないがシステム実現上不可欠な MPEG エンコーダの制御方法について解説する．紹介技術は唯一の手法ではなく，さらなる改良が見込まれる．また，特許が存在する内容も含まれるので，商業実施する場合は配慮が必要である．

7.1 ビットレート制御

MPEG は非可逆符号化であり，符号量（ビットレート）の変化に伴って再生画質が変化する．規格では，ビットレートに関して，バッファ規約（VBV）と最高ビットレートのみが定められており，平均ビットレートや各部分の符号量は自由である．しかし，符号量は符号化処理の結果として生じるので，目的に合わせて処理（通常は量子化）を制御する必要がある．ここでは，実際どのような制御を行えばよいかを解説する．

7.1.1 必要ビットレートと制御方法

MPEG では，所定の画質を得るために必要なビットレートは，画像の動きの程度や，画像間変化，空間的に高い周波数成分（ディテール）の大小により大きく変化する．一方，画質の捉え方も容易ではなく，人による好みも存在する．

発生符号量の変動があっても，数フレーム分までの変化はバッファで吸収さ

れる．バッファ容量は，通常は規格で決められている最大値が使われるが，容量に比例して遅延を生じるので，テレビ電話など遅延を少なくしたい応用システムでは少なく設定して使う．

ビットレート制御方法と用途を**表7.1**に示す．表で変動周期は，吸収可能な変化時間，画質は総符号量に対しての相対的な目安である．どのような制御を行うかは用途（伝送・記録媒体）により決まり，画質的に望ましい可変転送レートはDVDで使われている．可変転送レートでも最高ビットレートは制限され，1パス型や多重型は変動範囲が制限される．

表7.1　ビットレート制御方法と用途

転送レート	タイプ	変動周期	画質	用途
固定	低遅延	0.1秒	やや不良	テレビ電話
	通常	0.5秒	標準	ディジタル放送
可変	フリー	任意	特に良好	(HDD)
	1パス	数分	良好	DVD-Recorder
	2パス	任意	特に良好	DVD (ROM)
	多重（分配）	任意	良好	(多chディジタル放送)

実際どの程度のビットレートが必要かを容易に示すことはできないが，MPEG-2でSDTV（480i）の場合，平均4 Mbps程度が一般的である．この値は平均値であり，画像の部分によって，さらに高いビットレートが必要となる．このような部分の発生確率は，SDTVの場合，おおむね2 Mbps上がるごとに10分の1程度に減少し，8 Mbpsで1％程度となる．

7.1.2　画像フォーマットと必要ビットレート

（1）　解像度（画素数）

動画像はフォーマットにより画素数が異なるが，画素数とビットレートの関係についての考え方は2種類ある．画素密度は変わらずに視野（撮像範囲）が広くなる場合と，視野は変わらずに撮像画素密度が高くなる場合である．それぞれを**図7.1**に示す．一方，映像を見るときも，画面が広くなり視野角が大き

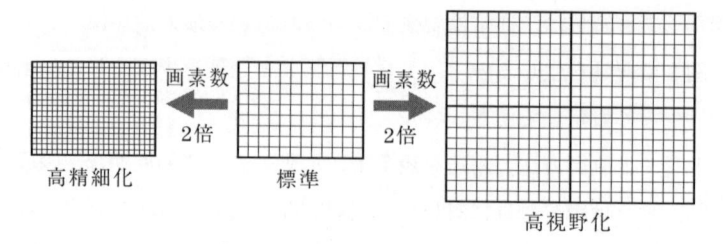

図7.1 画素数増加の2種類の考え方

くなる場合と，視野角は同じで精細度が増す場合がある。

視野が広がる場合の必要ビットレートは，画素数に比例して変えるべきである。一方，画素密度が上がる場合は，画像相関が高くなり，視覚的な高い周波数領域が拡張されるので，ビットレートは画素数に比例しない。画素数と必要ビットレートの関係を図7.2に示す。いずれも正しいが，標準テレビとの互換などの考えから，現実には画素密度が高くなるとの見方が優勢である。

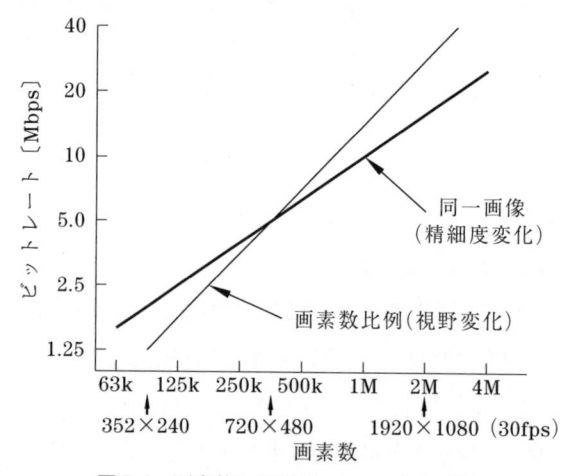

図7.2 画素数と必要ビットレートの関係

（2） 走査構造（プログレッシブ走査とインターレース走査）

MPEGの符号化効率は，走査構造により大きく異なる。同一走査線数で比較した場合，プログレッシブ走査画像（60p）の必要符号量はインターレース走査画像（60i）の1.2倍程度である。これは，インターレース走査画像では

フィールド垂直折返し歪み成分により，フレーム間予測誤差が多くなるためである。なお全 Intra の場合は，フレーム間予測がないので通常の GOP 構造の場合ほど差は出ない。

ここで注意すべきは，解像度の違いで，プログレッシブ走査画像の垂直解像度は，インターレース走査画像に対して，垂直方向に動きのある部分では 2 倍，他の部分でも 1.4 倍程度である。したがって，プログレッシブ走査画像の方が解像度に対してかなり効率がよいことになる。

また，プログレッシブ走査画像でも 24p や 30p は 60i との互換性のため垂直帯域を 60i と同等に制限している場合が多く，その場合には必要レートはより低くなる。

(3) 画像レート

フレームレートとの関係では，MPEG などフレーム間予測を行うものは，フレームレートに比例して必要符号量は増えない。これはフレームレートが高いほどフレーム相関が高くなるためである。GOP 構造をフレームレートに合わせて最適化するとさらに差が少なくなる。具体的には，30p に対して 60p は 1.5 倍程度となる。

7.1.3 固定ビットレート制御

(1) 基本処理

発生符号量を制御する際に変化させるパラメータを**表 7.2**に示すが，中心は量子化の制御である。他の制御パラメータは画質の低下を招きやすいので，ビットレートの制限が厳しい場合のみに使われる。量子化の制御単位は基本的に

表 7.2　ビットレート制御手段とパラメータ

制御対象	制御単位	増　加	減　少	備　考
量子化スケール	Slice/MB	粗(大)	密(小)	符号量制御の基本
プリフィルタ	画素*	なし(弱)	あり(強)	強力に抑圧する場合
フレーム数	フレーム	そのまま	ドロップ	MPEG-2 では使わない

＊　ただし急激な変更は不可

は Slice であるが，高速な制御が要求される場合には，Macroblock 単位で制御する。基本的なビットレートの制御構成を図 7.3 に示すが，バッファの充足度で量子化などがフィードバック制御される。

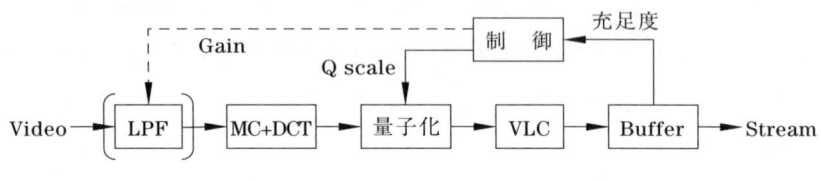

図 7.3 基本的なビットレートの制御構成

（2） MPEG 対応処理

MPEG は Picture タイプ（I/P/B）により必要符号量が大きく異なるので，各 Picture 均等に符号量を分配することは適当でない。必要符号量は，動きの状況などにより大きく変化するので，I/P/B のバランスを画像に合わせて更新する必要がある。その基本的な手法である Test Model 型の制御について図 7.4 に示す。この手法は，標準方式として決められたものではないが，標準化過程で用いられ，広く使われている。以下に Test Model 5 の Step.1〜Step.3 を示す。

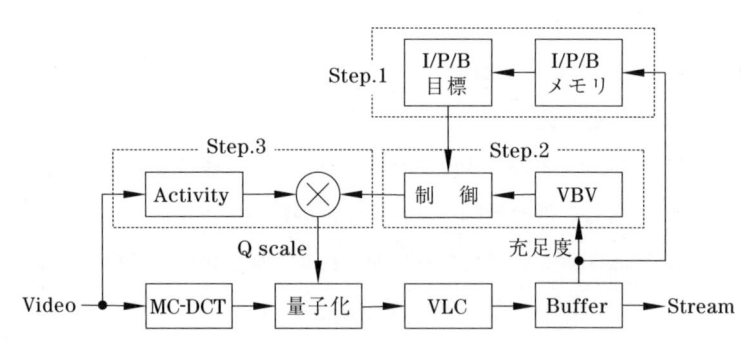

図 7.4 MPEG ビットレート制御構成（Test Model 型）

Step.1（Picture Target 設定）

実量子化ステップと実符号量から，各 Picture タイプ（I : P : B）での量子化ステップが所定比 $1.0 : K_p : K_b$ となるように目標符号量を決めるものであ

7.1 ビットレート制御

る。なお，K_p は 1.0，K_b は 1.4 とされている。

各 Picture タイプの複雑さ X_i, X_p, X_b は，符号量 S_i, S_p, S_b，平均量子化値 Q_i, Q_p, Q_b において

$$X_i = S_i Q_i, X_p = S_p Q_p, X_b = S_b Q_b \tag{7.1}$$

で与えられる。ただし，初期値は $X_i = 160 * \text{Bit\_rate}/115$，$X_p = 60 * \text{Bit\_rate}/115$，$X_b = 42 * \text{Bit\_rate}/115$ とする。

目標ビット数 T_i, T_p, T_b は次式で与えられる。

$$T_i = R/(1 + N_p X_p/(X_i K_p) + N_b X_b/(X_i K_b)) \tag{7.2}$$

$$T_p = R/(N_p + N_b K_p X_b/(K_b X_p)) \tag{7.3}$$

$$T_b = R/(N_b + N_p K_b X_p/(K_p X_b)) \tag{7.4}$$

ただし，N_i, N_p, N_b は GOP の残り Picture 数で，R は残りビット数である。

Step.2（フィードバック制御）

目標符号量に対する実符号量である仮想バッファ（VBV）の充足度により量子化をフィードバック制御する。j 番目の Macroblock までの符号量 $d(j)$ を

$$d_i(j) = d_i(0) + B(j-1) - T_i * (j-1)/\text{MB\_cnt} \tag{7.5}$$

$$d_p(j) = d_p(0) + B(j-1) - T_p * (j-1)/\text{MB\_cnt} \tag{7.6}$$

$$d_b(j) = d_b(0) + B(j-1) - T_b * (j-1)/\text{MB\_cnt} \tag{7.7}$$

で求める。ただし，$d(0)$ は初期バッファ状態で，$d_i(0) = 10 * r$，$d_p(0) = K_p * d_i(0)$，$d_b(0) = K_b * d_i(0)$ とする。$B(j)$ は j までの符号量である。MB_cnt は Picture 内の Macroblock 数である。j 番目の Macroblock の量子化ステップ $Q(j)$ は次式で，与えられる。

$$Q(j) = d(j) * 31/r \tag{7.8}$$

r はリアクション係数で $r = 2 * \text{Bit\_rate}/\text{Picture\_rate}$ である。

Step.3（適応量子化）

j 番目の Macroblock において，MB 内の 4 個の輝度 Block でアクティビティを求め，その最小のものに 1 を加えたものを $act(j)$ とする。アクティビ

ティは各画素値と平均画素値の差の二乗を平均したものである．このアクティビティは次式で最大 2 から最小 1/2 へと正規化される．

$$\mathrm{N\_act}(j) = (2*\mathrm{act}(j)+\mathrm{avg\_act})/(\mathrm{act}(j)+2*\mathrm{ave\_act}) \qquad (7.9)$$

ここで，avg_act は前 Picture の平均値で，初期値は 400 とする．この N_act で最終的な MB の量子化ステップ $M_q(j)$ が決められる．

$$M_q(j) = Q(j) * \mathrm{N\_act}(j) \qquad (7.10)$$

$M_q(j)$ は 1 から 31 の範囲に制限される．

（3） 発生符号量の状況

MPEG 符号化での Picture ごとの発生符号量の様子を**図 7.5** に，それに伴う仮想バッファ充足度（VBV）の様子を**図 7.6** に示す．符号量は画像により

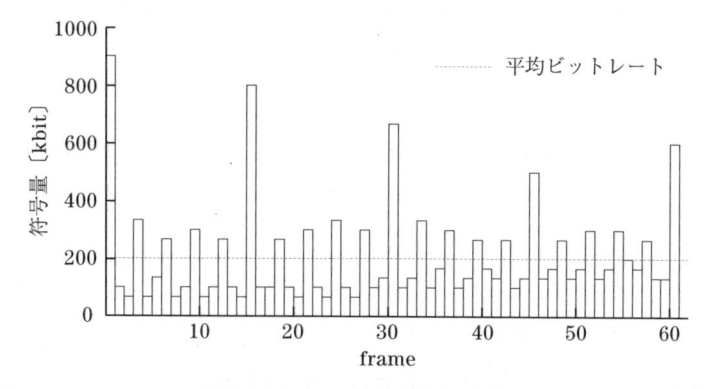

図 7.5 Picture 発生符号量の様子

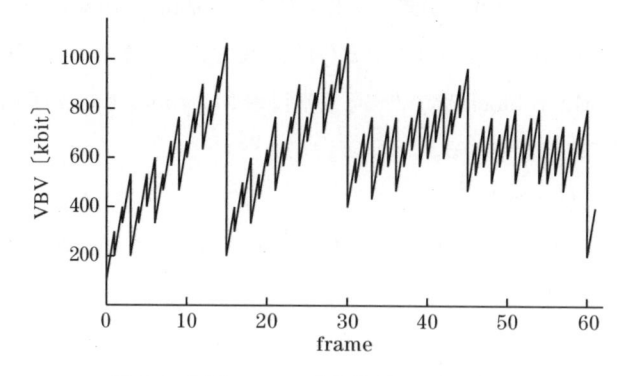

図 7.6 仮想バッファ充足度（VBV）の様子

大きく変化し，画像が静止すると，PやBは極端に少なくなり，その分Iが増加する．VBVはPicture単位なので符号量の多いI-pictureの影響が多い．

7.1.4 可変ビットレート

MPEG符号化では画像により必要ビットレートが変動するので，伝送・記録媒体が許せば可変転送レートの方が平均転送レートが下げられる．ビットレート変化の許容範囲は媒体に左右され，**表7.3**のような制約が付く．また，システムにより「フリー」「1パス」「2パス」の3種類がある．各VBR制御方法とビットレートの様子を**図7.7**に示す．

表7.3 可変ビットレートでの制約

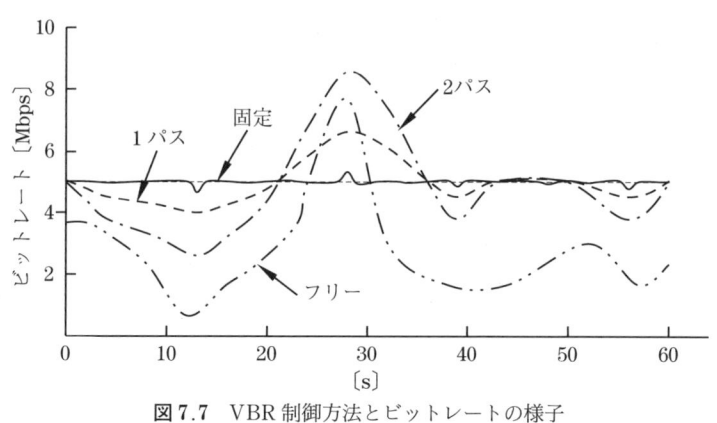

制約事項	原因	備考
平均レート	伝送路・媒体の容量	
最高レート	伝送路・媒体の能力	DVDで9.8 Mbps，MPEG-2規約
1フレーム符号量	デコーダ能力	MPEG-2規約

図7.7 VBR制御方法とビットレートの様子

（1） 総符号量フリー

PCのHDDに格納するファイルなどでは，ファイルサイズに制約はないので，総符号量は自由であり，所定画質で符号化可能である．この場合，最高レート（MPEG-2のMP@MLで15 Mbps）とPictureの符号量がバッファサ

イズ（同 1.75 MByte）を超えないことのみ考慮すればよい．ただし，後で DVD にデータ転送する場合は，DVD 規格に合わせておく必要があり，実際にはあまり使われない．

(2) 1 パ ス

DVD-RW/RAM などリアルタイムで符号化する必要があり，媒体の総容量が決まっている場合である．固定転送レートに近い場合から，フリーに近いものまでありうるが，制御の考え方は固定転送の延長で，仮想バッファの容量が非常に大きくなっていると見なせる．

(3) 2 パ ス

DVD ソフト制作や，DVD-R に無駄なく 1 タイトルのデータを入れる場合，媒体の総容量が決まっているが，リアルタイム処理でなくてよいので，2 パスとすることにより，所定総符号量と各部の最適化を両立できる．

図 7.8 にその制御構成を示すが，仮符号化で対象動画像全体を調べ，その結果に基づきビット配分を行い，配分に合わせて制御しながら本符号化を行う．動画像信号は 2 度供給されることになる．

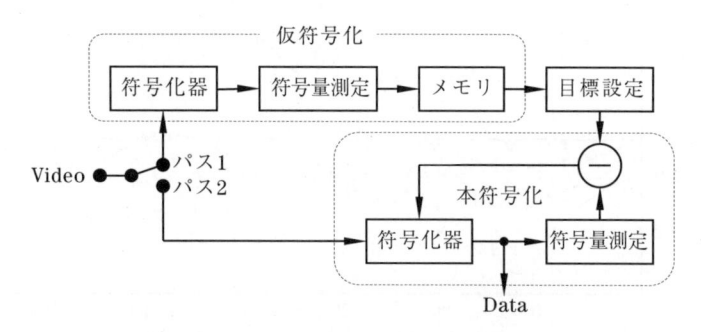

図 7.8　2 パス型ビットレート制御構成

2 パスでは，符号量のみならず，GOP 構成や各種符号化モードも最適化することができる．なお，固定転送レートの場合でも 2 パス制御を行うことでより最適な処理となる．この場合は仮符号化に対して少し遅れて本符号化が行われることになる．また，仮符号化は簡易なものでも良い．

7.2 符号化効率の改善

MPEG はエンコーダの自由度が大きく,表 7.4 に示されるように,Picture 構造,動きベクトル,Macroblock タイプ,Q_Matrix,Q_scale,量子化しきい値などが改善可能である。量子化しきい値以外は,決定したものが付加情報として復号化装置に伝送される。したがって,その情報量も問題となる。入力画像に対するプリフィルタリング,出力画像に対するポストフィルタリングは,符号化の制御ではないが,実際良く使われるので触れる。

表 7.4 符号化で変更できる事項

項 目	変更対象	処理概要
Picture 構造	I 周期(N)	シーンチェンジで変更
	P 周期(M)	動き程度で変更
	Fr/Fi-picture	動き程度で変更
動き補償予測	動きベクトル	最適化
	Macroblock タイプ	TM 記載,MV 数や符号量考慮
量子化	量子化式	TM 記載,しきい値シフト
	Q_scale	TM 記載,画像適応
	Q_Matrix	目的に合わせて最適化
画 像	入力画像	ノイズ除去

7.2.1 動き補償予測の最適化

(1) I-picture 設定

I-picture の周期(慣用的に N と表される)は,符号化効率の点からは長いほど良く,アクセスやエラー耐性の点からは短いほど良い。両者のバランスから 0.5 秒 (15 フレーム) 程度が一般的である。

一方,シーンチェンジなどがあると画像間予測が無効になるので,Intra で符号化した方が良い。しかし,MPEG では P-picture でも Intra-MB を含むので,実際すべての MB が Intra-MB になると,I-picture と同等になる。た

だし，Intra-MB を示す Macroblock タイプの VLC が異なり，P-picture の方が長いので，I-picture にした方が若干有利である。

実際には，シーンチェンジが起こっても，すべての MB が Intra にならない。これは，符号化効率的には有利だともいえるが，視覚的にやや問題となる。P-picture を I-picture に変更した場合，つぎの I-picture がすぐくると無駄となるので，図 7.9 のように GOP の位置を変えれば，効率改善される。

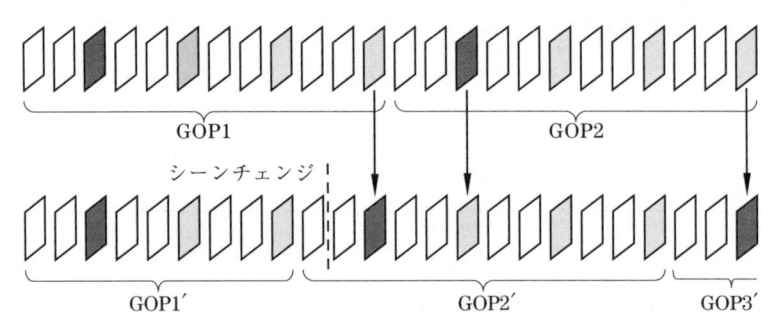

図 7.9　I-picture 周期適応化

（2）　P-picture 周期

P 周期（慣用的に M と表される）と符号化効率の関係は複雑である。B-picture は一般に P-picture より符号量を抑えられるので，B を増やした方が効率を上げられる。しかし，B を増やすと P の間隔が開くことになり，P，B ともに予測距離（時間）が長くなるので，効率が下がる。

最終的な効率は，この二つの要素のバランスで決まり，一般に画像の動きが少ないほど，P の周期を広げた方が良い。これは，動きが少ないと距離（時間）が長くなっても，予測が適切にできるためである。逆に動きの激しい画像では，P の周期は短めが良い。ただし，非常に特殊なケースを除き P のみ（M＝1）の方が，符号化効率が良いということは少ない。

最適間隔はフレームレート（フィールドではない）に依存し，24 または 25 frame/s で M＝2，30 frame/s で M＝3，60 frame/s で M＝5 前後が性能的には望ましい。しかし，M が長いと，動き推定のサーチレンジが広がり，エンコーダのバッファメモリ量や遅延量も増えるので，実際には M＝3 までとする

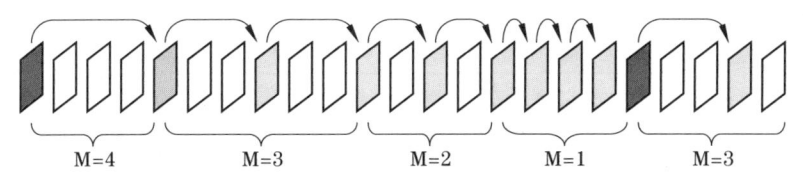

図 7.10　P-picture 周期適応化

場合も多い（図 7.10）。

（3）　Frame/Field picture 適応化

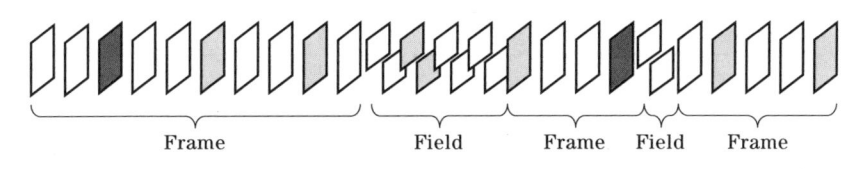

Frame picture と Field picture は，片方のみを使用してインターレース走査対応が可能である。また，Field picture の方がややエンコーダ処理量が少なくて済む。

画像間予測について比較すると，Frame picture は，P-picture のフィールド予測時の参照画像が遠くなる。一方，フレーム予測は垂直方向にわずかでも動きがあると，使われないので，画像間予測に関しては，Field picture の方が概して有利である。

一方，予測残差符号化（DCT）に関しては Field picture は，常時フィールド処理であるが，Frame picture はフレーム処理も可能となり有利である。特に主観画質的にブロックサイズが小さいフレーム DCT が有利である。

その結果，動きの穏やかな画像は Frame picture が，動きの激しい画像は Field picture が有利であるが，両者のパフォーマンスは極端に違わない。適応的に切り替えた場合の様子を図 7.11 に示す。実際のところ，参照画像のメモリ格納方法などが異なり，両者を切り替えるのは容易でない。

図 7.11　Frame picture と Field picture

（4）　動き推定（動きベクトル検出）

動き推定は，処理量とベクトルの確からしさのバランスで，いろいろなレベ

表7.5 動き推定方法の違い

項　目	処理方法・対象	特徴・問題点
評価画像	サブサンプル画像	複雑な動きに対応困難
	符号化対象画像	処理量が非常に多い
評価画素	輝度のみ	色差のみ変化で検出不可
	輝度＋色差	処理量増加
誤差評価式	絶対値誤差量（MAD）	予測残差最少とならない
	二乗誤差量（MSE）	二乗演算必要
総合評価	フレーム間誤差のみ	総符号量で最小とならない
	発生符号量考慮	処理量が非常に多い

ルがある．おもな違いを**表7.5**に示すが，評価画像と総合評価は，実際工夫がなされ単純な有無ではない．

　評価画像を縮小（サブサンプル）画像とする場合，対象画像で再探索するので，1/2縮小画像では劣化はわずかであり，合理的である．発生符号量の考慮は，残差の空間周波数分布を見る簡易なものから，実際にDCT符号化するものまでありうる．

　また，動きベクトルは予測誤差が最小となるようにするのが基本であるが，周辺に対し異質な動きベクトルがあると，主観画質が低下する．

（5）　予測モード（Macroblockタイプ）判定

　Macroblock単位の予測モード方法は，動き推定と類似する．予測モード判定方法として**表7.6**のようなレベルがある．基本的に処理量は多くないので，理想的な判定は比較的容易である．d）は，疑似的に符号量を求めるもので，

表7.6 動き予測モード判定方法

手法概要	使用情報			
	誤差	MV数	MV	DCT
a）予測誤差量が最少	○			
b）ベクトル数を考慮	○	○		
c）ベクトル符号量を考慮	○		○	
d）DCT符号量を推定	○		○	(○)
e）実量子化で総符号量			○	○

いろいろな方法がありうる。

モードの中で，Intra は予測自体が行われないので，予測の場合との比較は容易でない。予測誤差量(MSE)と Block 分散を比較するが，ベクトル符号化がない代わりに DCT の DC 成分を符号化するので，その符号量を考慮する。

7.2.2 量　子　化
（1）　量子化しきい値

量子化対象は DCT の AC 係数または DC 係数の予測残差である。さらに Inter-MB では画像間予測残差である。したがって，その分布は**図 7.12**のように 0 を中心とした正規分布に近いものであり，絶対値が大きくなるに従って急速に減少する。この場合，量子化および逆量子化で区間の中央値を代表値にすると，区間の平均値とかなり異なる。MPEG では代表値が決まっているのに対し，区間の取り方は自由なので，所定代表値に対して最適となる区間（しきい値）を設定する。

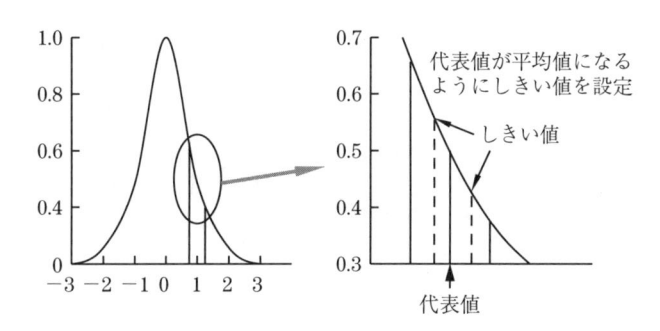

図 7.12　被量子化信号の分布と量子化しきい値設定

（2）　画像適応量子化

空間的に複雑な部分では量子化誤差に対する視感度が低く，平坦な部分では僅かな誤差も目立ちやすい。そこで，画像の空間アクティビティを検出し，それに応じて量子化の粗さを変更する。

具体的な手法としては，7.1.3 項(2)に示された Test Model 5 の Step 3 な

どがあり，Macroblock で量子化スケール（Q_scale）を修正することになる。より高度な制御としては，動きの状況，周辺との関係なども考慮する。なお，MPEG-2 規格では，Macroblock で Q_scale を更新すると，10 bit 程度符号量が増えるので，不必要な更新は避けるべきである。

（3） Picture タイプ（I/P/B）での傾斜

I-picture および P-picture は画像間予測の参照画像となるが，B-picture はならない。参照画像の誤差はそのまま予測誤差となるが，参照画像とならないものは他への影響はない。そこで，B-picture の量子化を，相対的に I（P-picture）より粗くすることで，全体的な符号化効率を改善できる。Test Model 5 では，P-picture に対して B-picture を 1.4 倍としているが，最適比は画像状況により異なる。

この場合，動画像としてみた画質は均質であるが，典型的 PSNR は図 7.13 に示されるように B-picture は，若干低下する。なお，MPEG-4 AVC では，B-picture も参照画像になるので注意が必要である。

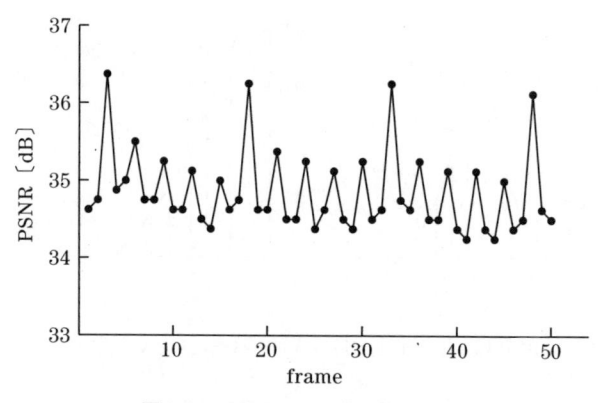

図 7.13 MPEG での典型的 PSNR

（4） 量子化マトリクス

量子化マトリクス（Q_Matrix）は視覚特性に合わせて設定されるもので，本来は表示における画素密度と視距離の関係で設定されるべきである。したがって，入来画像により変更するのは，あまり適当とはいえない。一方，レート

7.2 符号化効率の改善

制御の点からは，平均的な Q_scale に合わせて変更することが考えられる。これは，周波数特性とノイズのバランスで，量子化が粗い場合は，高い周波数成分は抑圧された方が，バランスが良いためである。変更の様子を図7.14に示す。

(a) Intra Macroblock (b) Inter Macroblock

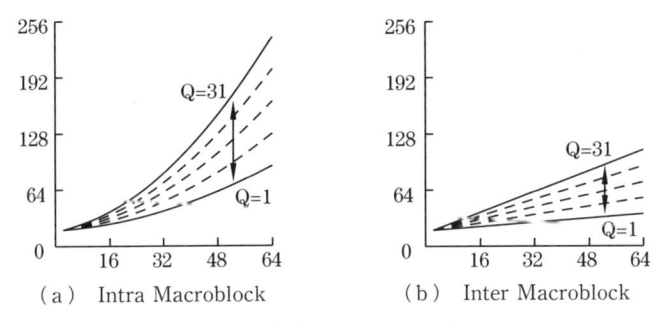

図7.14 平均量子化値とマトリクス

7.2.3 符号化前後処理

実際の符号化復号化では，図7.15のような符号化前後処理が行われることが多い。入出力画像に対する処理例を表7.7に示すが，符号化前の画像処理は，画像信号に含まれるノイズ成分の抑圧を目的にしている。これは，符号化でノイズ成分に対して情報が使われるのを少なくするためで，主観画質の変化

図7.15 符号化前後処理

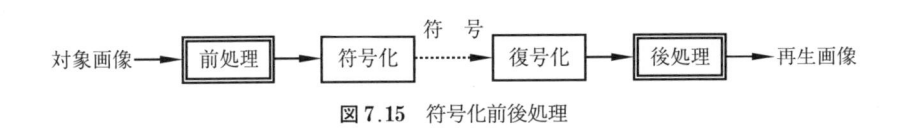

表7.7 入出力画像に対する処理例

対象画像	処理	効果
入力画像	時間軸 NR	白色ノイズ軽減，符号化効率改善
	水平方向 LPF	映像帯域制限によるレート低減
	孤立ノイズ除去	孤立ノイズ軽減，符号化効率改善
出力画像	時間軸 NR	諸ノイズ成分の軽減
	ブロック境界 LPF	ブロック歪み軽減
	適応空間 LPF	モスキートノイズ軽減

を目的としていない。

　一方，復号化後の処理は，符号化で生じた画質劣化を抑圧するのを主目的としており，主観画質の改善となる。時間軸 NR（Noise Reducer）は有効であるが，動きボケを生じなくするために動き補償の使用が望まれる。空間処理は，前処理では孤立ノイズの除去を，後処理ではブロック歪みやモスキートノイズの軽減に主眼が置かれる。

7.3　画像の切替・編集

　画像の切替と編集は技術的に類似するものであり，切替点の画像品質によりいろいろなレベルがある。各レベルとそこで必要となる技術事項を表7.8にまとめる。切替でも受信機でのチャネル切替のような場合から，放送での映像（回線）切替もある。後者では，ビットストリームが完全に連続して整合性がとれている必要がある。

表7.8　画像切替・編集の要求レベルと必要となる技術事項

レベル	編集での要望	I-picture	VBV 合わせ	Closed GOP	部分再符号化
簡易	ギャップ許容	要	—	—	—
↕	シームレス	要	要	—	—
	GOP 保持	要	要	要	—
	任意フレーム	要	—	—	要
高度	ワイプ・フェード	要	—	—	要

　これを実現するためには少なくとも符号化で周期的に I-picture が要求される。さらに，通常 GOP では最初の B-picture は使えなくなるので，それを避けなければならない場合には Closed GOP にする必要がある。
　編集装置では，映像素材から画像編集を行う場合は，GOP に関係なく任意のフレームで編集ができる必要がある。さらに，ワイプやフェードといった処理を行いながら画像を切り替えるのがつねである。この場合は，編集部分は再符号化が必須となる。

7.3 画像の切替・編集

現実には，切替や編集用に符号化しておくのは一般的でないので，切替では画像内容のない符号列を挿入してストリーム整合性を保ち，画像編集では部分再符号化を行うことになる。

7.3.1 ビットストリーム切替

(1) GOP 構造

ビットストリーム切替と GOP の様子を図 7.16 に示す。基本的に GOP 単位で切り替えられるが，GOP の途中以降を廃棄しても良い。始まりは必ず I-picture となり，Closed GOP でない場合は，I-picture の前の B-picture は廃棄される。ブランク（Staff 挿入）期間は，全画面黒（グレー，ブルー）の画像とする。

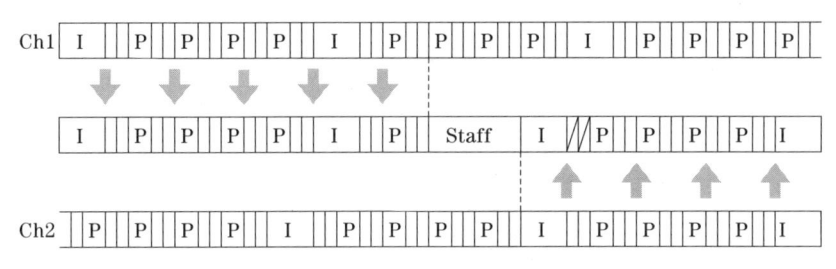

図 7.16 ビットストリーム切替と GOP

(2) VBV 合わせ

ビットストリームには各PictureにVBV情報が挿入されているので，これ

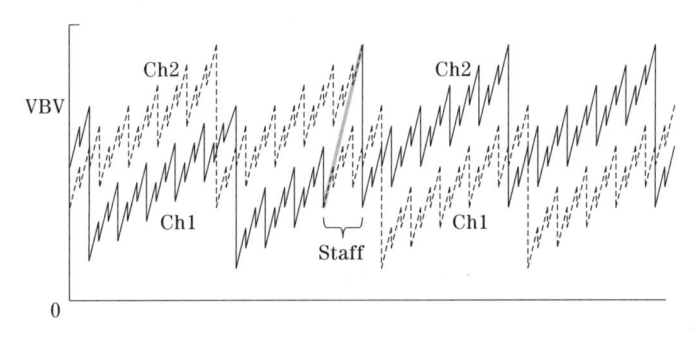

図 7.17 ビットストリーム切替での VBV 整合

と実際の VBV と整合させる必要がある．この様子を図 7.17 に示すが，VBV が合うまで Staff として情報のないフレームを挿入する．

7.3.2 画像編集

（1） 画像編集のタイプ

画像編集では一瞬でも画像がなくなることは許されないので，ブランク画像を挿入するわけにはいかず，ビットストリーム編集で GOP と VBV の両方を満足するのは難しい．また，画像編集での画像の切り替わりは，いろいろな方法がある．その代表的なものを図 7.18 に示すが，単純な切替以外は画像自体が変化することになり，少なくとも編集部分の GOP は再符号化することになる．

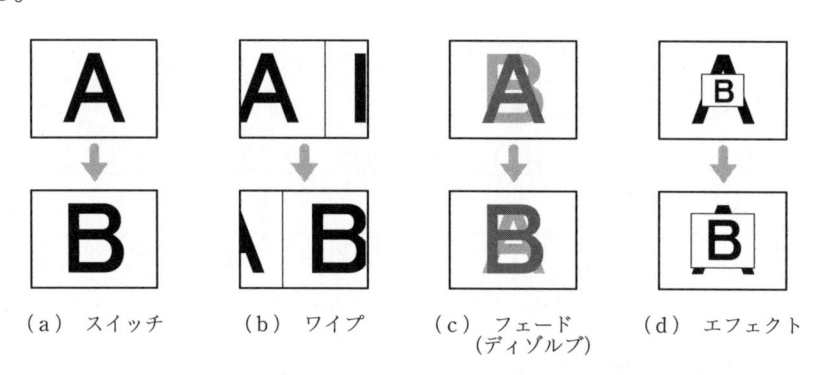

（a） スイッチ　　（b） ワイプ　　（c） フェード　　（d） エフェクト
　　　　　　　　　　　　　　　　　　（ディゾルブ）

図 7.18　画像編集での画面切替方法

（2） 部分再符号化による画像編集

部分再符号化を含む編集の処理構成を図 7.19 に，処理例を図 7.20 に示す．

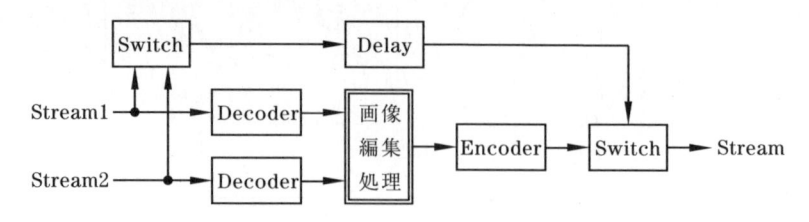

図 7.19　部分再符号化による画像編集の処理構成

7.4 特殊再生   163

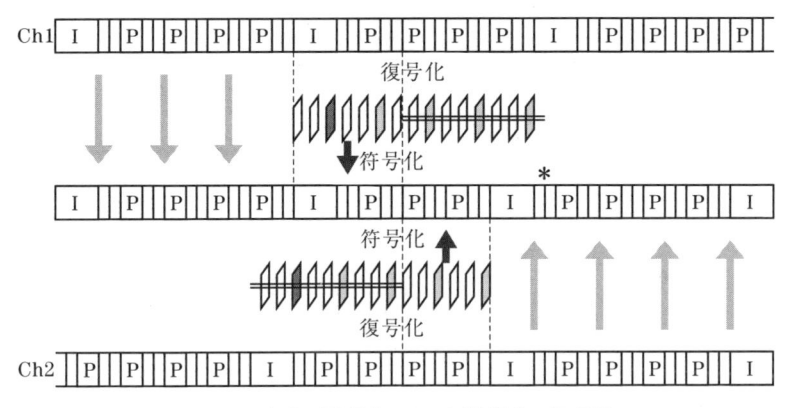

図 7.20 部分再符号化による画像編集の処理例

編集部分の前後の GOP はそのままとなる。図中 * の B-picture は参照フレームが再符号化となるため誤差を生じるが，自身が参照画像とならないので無視しうる。また，再符号化 GOP が短いと符号量の補正に無理を生じる場合があり，その場合はレートを下げるために前後の GOP も再符号化せざるを得ない。また，画像単純切替以外では 2 画像が切り替わる間の GOP を再符号化することになる。

7.4 特 殊 再 生

7.4.1 特殊再生の実現

DVD など蓄積媒体からの再生では，通常の再生のほかに特殊再生（可変速度再生）が要求される。特殊再生の処理では，**図 7.21** のように符号列の段階での操作と，再生画像のメモリが必要となるが，具体的処理方法はある程度自

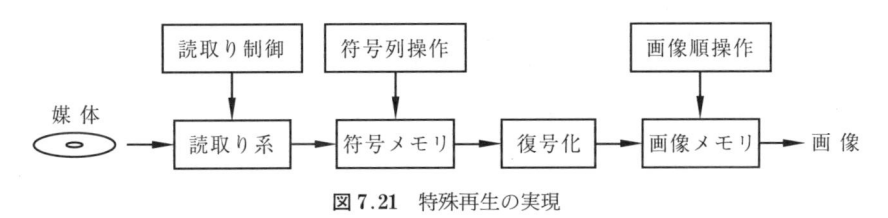

図 7.21 特殊再生の実現

7. MPEG 符号化制御

表 7.9 特殊（可変速度）再生と必要事項

特殊再生	符号化	媒体ドライバ	画像メモリ
高速画像サーチ	短 GOP	間引き読出し	1 画像
2 (1.5) 倍速再生	制限無	高速読出し	1 画像
静 止	制限無	制限無	1 画像
順方向スロー	制限無	制限無	1 画像
逆方向スロー	短 GOP	GOP 順逆読込み	複数画像
逆転再生	短(Closed)GOP	GOP 順逆読込み	複数画像

由度がある．再生性能は媒体（ドライブ）の符号列読取り能力にも依存する．また，記録されている符号列の符号化方法も問題となる．

各特殊再生とそれを実現するための必要事項を**表 7.9** に示す．静止画像は通常再生での最後の復号化画像を保持するのみで，容易に得られる．スローも順方向は読取り復号化速度を落とし，再生画像を数枚ずつ保持することで実現できる．

7.4.2 高速画像サーチ

特殊再生の中でも最も必要性が高いのは高速画像サーチである．処理は**図7.22** のように I-picture のみを再生すれば良いが，問題点として I-picture の符号量がある．I-picture 符号量はフレーム平均よりはるかに多いので，高速読出しの能力がないと，再生できるフレーム数が少なくなる．その結果，VHS などのアナログ VTR と比較した場合，動きのスムーズさは損なわれる．また，記録符号列の局部ビットレートは変動し，記録位置などで読取り状態も

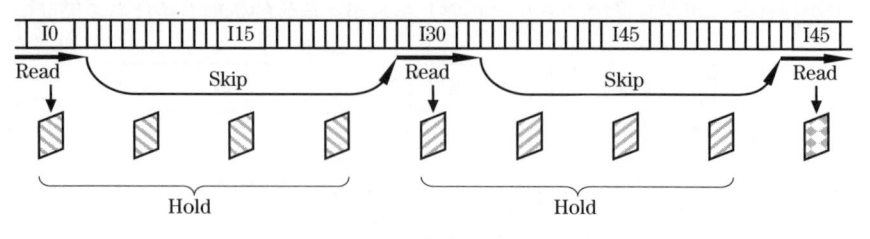

図 7.22 高速画像サーチ

7.4 特殊再生

変化するので，速度も不安定になる．

7.4.3 2倍（1.5倍）速再生

映像音声内容をすべて見聞きしながら，短時間で見終わる機能として2倍ないし1.5倍速再生が要求される．この場合，音声情報はすべて再生する必要があるので，結果的にすべてのビットストリームを得て，画像はすべて復号化するか，I/P-picture のみ復号化する．その様子を図7.23に示すが，M = 3 で I/P-picture のみの復号だと，コマ落ちが起きる．デコーダの能力は通常どうりでよいが，B-picture の符号列が削除されるので，VBV はイレギュラーとなりデコーダに入力されるビットレートは上昇する．

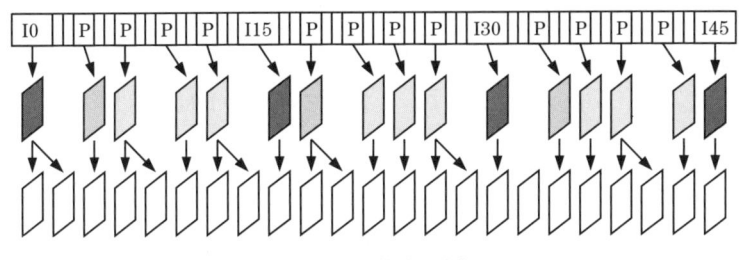

図7.23 2倍速再生例

7.4.4 逆方向再生

通常再生と等倍速度で時間的に逆方向に再生するのは，P-picture が順方向で符号化されているので容易でない．処理は図7.24のようにビットストリームを GOP 単位で逆に読み出し，復号された 1 GOP 分の再生画像を画像メモリに格納して，逆順に出力する．その際 Closed GOP 以外では最初の B-picture は欠落する．また，画像メモリが 1 GOP 分ないと，コマが落ちる．媒体からの読取りでも，GOP の前後も含めて読取ることになるので，かなりのロスがある．

7.4.5 インターレース走査での問題点

通常の動画像はインターレース走査であるが，特殊再生ではパリティが問題

166　　7. MPEG 符号化制御

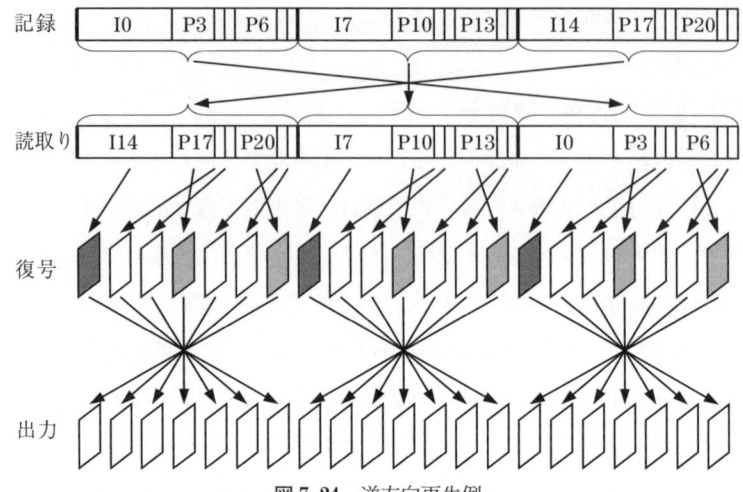

図 7.24　逆方向再生例

となり，片方のフィールドしか使えない．特に Frame picture の場合，復号化は必ずフレーム単位となるので，片方のフィールドは復号化後に廃棄される．毎秒 60 フィールド分の画像を読取り復号化することは困難で，1 フィールドの画像が数フィールド連続して使われることになり，垂直解像度，時間解像度ともに低下する．高速画像サーチの例を図 7.25 に示す．

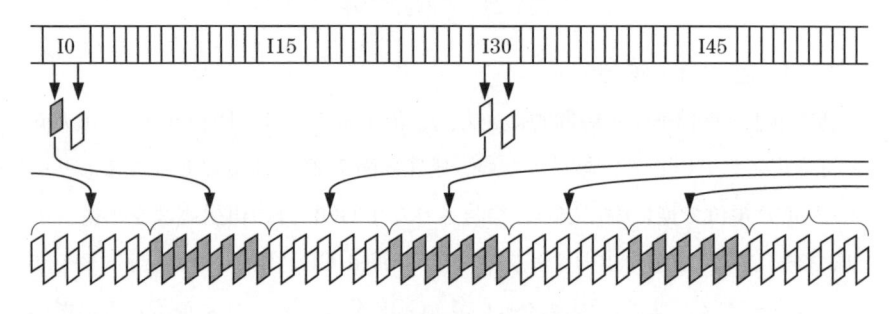

図 7.25　インターレース走査画像での高速画像サーチ例（6 倍速）

7.4.6　特殊再生用符号化

特殊再生を重視した場合，符号化自体をそれに対応したものにする必要がある．これらは，同時に画像編集にも適したものとなる．

（1） GOP 構造

基本的に GOP は，なるべく短いことが望まれる。また，Closed GOP でないと，逆転系では画像欠落を生じる。具体的には IBBPBBPIBBPBBP…などである。

さらに，図 7.26 に示すような P-picture を用いない GOP 構造なら，ビットストリームの段階で Picture を入れ替えることで，画像メモリなしに逆方向再生もできる。P-picture がないと符号化効率が悪いように思われがちだが，特に動きが少ない（静止に近い）画像以外は大差ない。

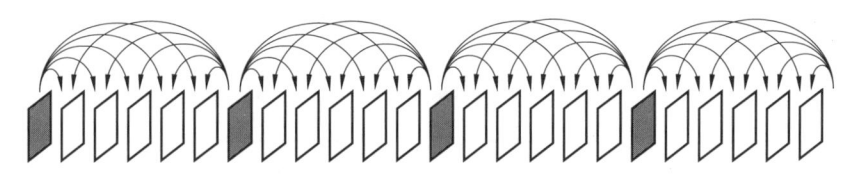

図 7.26 特殊再生（特に逆方向再生）向け GOP 構造

（2） Picture 構造

インターレース画像の場合，フィールド単位での復号化が可能な Field picture が有利である。インターレース信号で劣化のない特殊再生映像は，図 7.27 のように奇数フィールドおきに間引いた場合に可能となる。実際アナログ VTR の高速画像サーチは 7 倍 21 倍など奇数倍となっている。

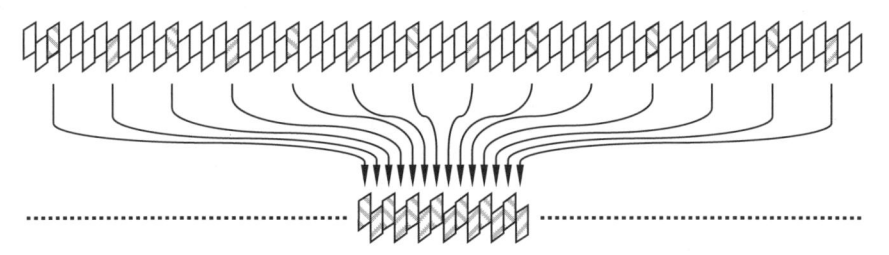

図 7.27 動きのスムーズな高速画像サーチ例（5 倍速）

7.5 再符号化（Trans-coding）

高能率符号化（圧縮）を用いたシステムが一般的となるに従い，動画像情報

の編集や記録伝送で，すでに符号化されている情報を再度符号化することが増えている．また，各機器内でMPEGが使われていても，機器間の接続でアナログ信号や非圧縮ディジタル信号にせざるを得ない場合も多い．これらの例を図7.28に示すが，いずれの場合も再符号化が必要になる．

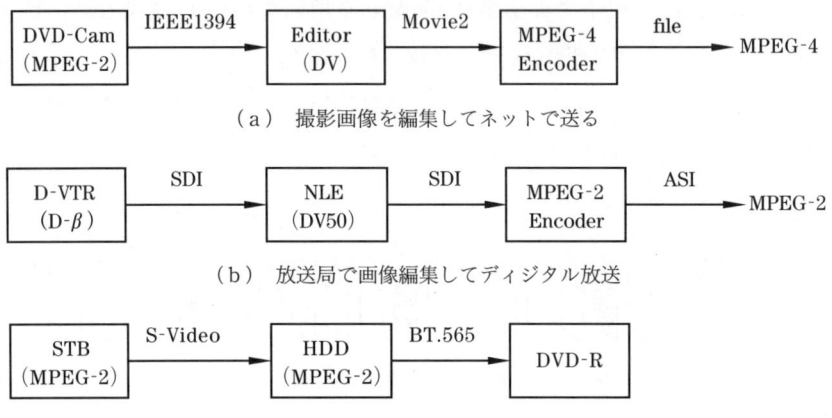

(a) 撮影画像を編集してネットで送る

(b) 放送局で画像編集してディジタル放送

(c) ディジタル放送を録画してDVDで保存

図7.28 再符号化が必要となる例

7.5.1 同一方式で再符号化

(1) 非圧縮ディジタル・アナログ接続での問題点

非圧縮ディジタルやアナログ接続では，再符号化で必ずしも一致しない点がある．このような接続方法による不一致や画像劣化の発生を表7.10に示す．接続がSDIなど非圧縮ディジタルの場合，復号化前の符号化状態の情報を付

表7.10 接続方法による不一致や画像劣化の発生

接続信号		元符号化と再符号化での不一致点・劣化
ディジタル	圧　縮	量子化
	非圧縮+情報	上記+(MV), Macroblock_type
	非圧縮	上記+IBP, MV+(ブロック位置)
アナログ	Component	上記+ブロック位置
	S-Video	上記+C帯域制限
	NTSC	上記+Y/Cクロストーク

7.5 再符号化（Trans-coding）

加し，再符号化でそれを利用することで，劣化を少なくできる。

付加情報がない場合は，再符号化は通常の符号化と同じになる。再生画像は元画像より劣化しているので動き推定などの性能が劣る可能性が高い。アナログ接続では水平に位置がずれる可能性がある。また，コンポジット系となった場合には色信号に劣化を生じやすい。

（2）再量子化

転送レートの変更などのため，再符号化を行う場合，簡易的には図7.29 に示されるように量子化のみを変更する。しかし，予測参照画像に量子化誤差の違いが反映されないので，予測ループでそのズレが蓄積する。

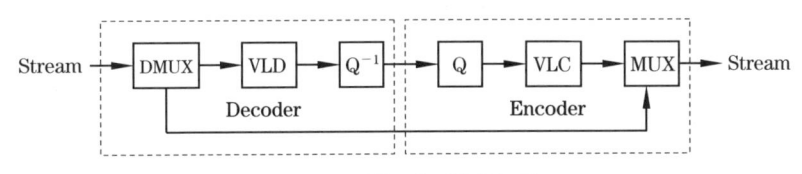

Stream → DMUX → VLD → Q^{-1} → Q → VLC → MUX → Stream
（Decoder｜Encoder）

図7.29　再量子化（簡易処理）

（3）画像間処理を変更しない再符号化

（2）で生じるズレを解消するためには，図7.30 のように量子化の違いを画像間予測に反映させる必要がある。見方を変えると，画像処理を変更しない再符号化となる。この場合，デコーダはほぼすべての処理が行われるが，エンコーダはおおむね予測残差（DCT）符号化処理のみで済む。

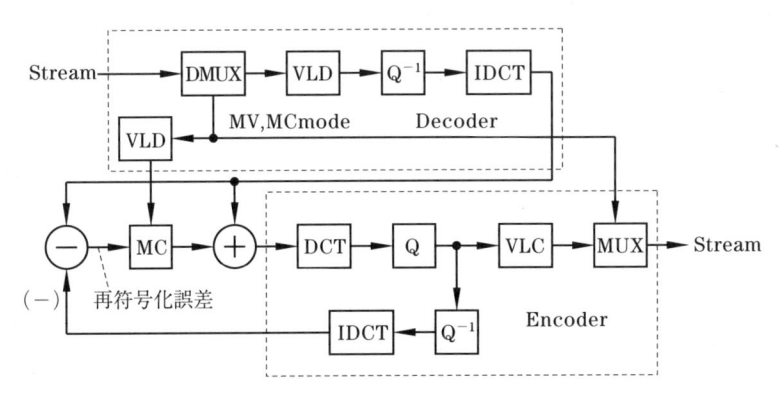

図7.30　画像間処理を変更しない再符号化

7.5.2 異なった符号化方式への変換符号化

動画像符号化は MPEG-2 MP が一般的であるが，録画機器で DV 方式，ネットを中心に MPEG-4 SP，MPEG-4 AVC（H.264），VC-1 なども使われつつある．そのような異なった符号化方式への変換での注意点を**表 7.11** に示す．

表 7.11 異なった符号化方式への変換での注意点

変換ケース	注意点
Pro-VTR → MPEG-2	Pro-VTR は非圧縮類似なので問題は少ない
DV → MPEG-2	4：1：1/4：2：0，MB 構造，量子化マトリックスの違い
MPEG-2 → DV	4：2：0/4：1：1，I/P/B 画質差
MPEG-2 → MPEG-4 AVC	GOP 構造，MC サイズ，DCT ブロック，量子化

MPEG-2 MP と異なる点として，DV は 4：1：1 であり，量子化方法がかなり異なる．MPEG-4 系では，8×8 や 4×4 の動き補償，4×4 の DCT が使われる．Macroblock は同一なので，画像フォーマットが同じなら Macroblock 位置は一致する．DV は 4：1：1 なので，Macroblock が 32×8 画素だが，動き補償がないので問題は少ない．

異なった符号化方式への変換符号化をする場合の処理構成を**図 7.31** に示すが，動き推定以外はほぼすべての処理を行うことになる．

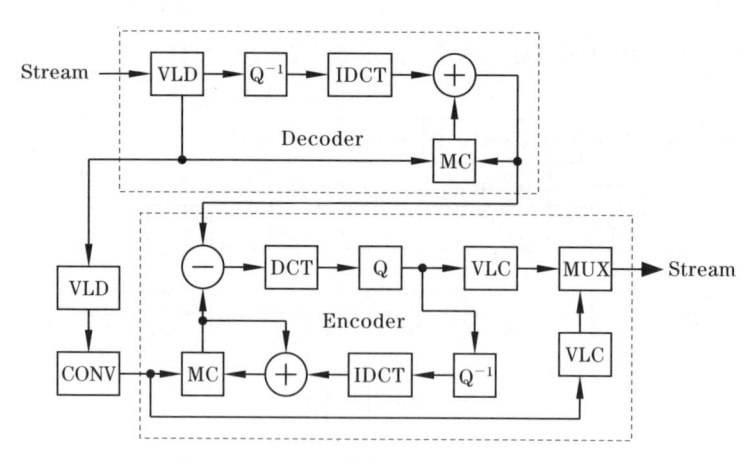

図 7.31 異なった符号化方式への変換符号化

7.5.3 異なった画像フォーマットへの変換符号化

画像フォーマットが異なる場合は，ほぼすべて復号化して再度符号化することになる．変換例と対処概要を**表7.12**にまとめる．ここで動きベクトルや予測モード情報は参照することができるので，動き推定の上位階層処理は不要となる．ただし，動き補償ブロックの位置が変化するので，再探索は必須である．特に水平720画素を水平352画素にする場合は，左右8画素がカットされた704画素から1/2のサブサンプルとなるので，注意が必要である（**図7.32**）．

表7.12 画像フォーマット変換の例と対処概要

変化項目	例	対処
カラーフォーマット	4:2:2 → 4:2:0	レート問題なければ色差のみ
走査構造	60i → 60p	全面再符号化
ライン数	1080 → 480	ブロック境界変化，MVは参照化
水平画素数	1920 → 720	ブロック境界変化，MVは参照化
画像レート	60p → 30p	ほぼ全面再符号化

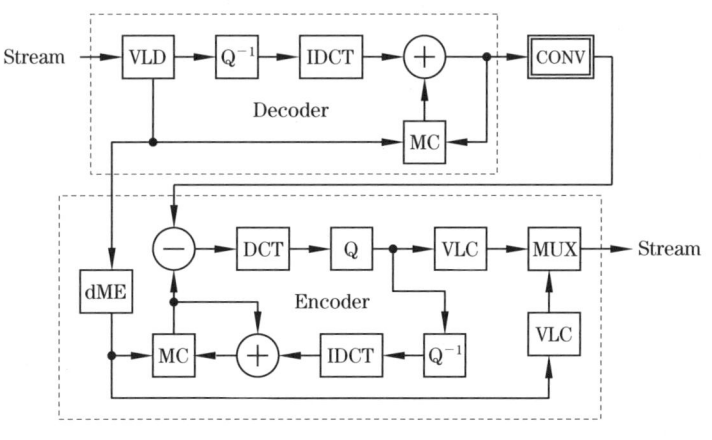

図7.32 画像フォーマット変換を伴う再符号化

演習問題

（1） MPEG 符号化のビットレート制御では，単純なフィードバック制御が使えない理由を示し，対応方法について述べよ．
（2） MPEG-2 Main Profile における Picture 設定の自由度を示し，エンコーダ処理量との関係について考察せよ．
（3） 通常の GOP で符号化されたビットストリームを編集する場合に生じる問題を示し，対処方法を検討せよ．
（4） 順方向および逆方向のスロー再生方法について述べ，実現性について考察せよ．
（5） MPEG-2 Simple Profile のビットストリームを MPEG-4 Simple Profile に変換する際に変換が必要となる項目を示せ．画像フォーマットは同一とする．

8 画質評価技術

画像の最終の受け手が人間である以上，人間が主観的に感じる画質は静止画像ならびに動画像の符号化において切っても切れない関係にある。

本章では，画質の劣化要因がどのようなところにあるかを示し，客観評価尺度と主観評価尺度について述べた後，画質の標準化動向について概説する。

8.1 画質劣化要因

ディジタル画像の画質劣化要因は，大別するとアナログ信号をディジタル信号に変換する際に生じる劣化と符号化によって生じる劣化になる。前者については，折返し歪み，アパーチャ効果，偽輪郭，粒状雑音が知られており，後者については，勾配過負荷雑音，エッジビジネス，ブロック歪み，モスキート雑音，解像度低下，ジャーキネス，破綻などがある。

8.1.1 折返し歪み

アナログ信号を標本化する際に，信号の持つ最高周波数の2倍以上の標本化周波数としない場合に生じる歪みで，モアレ状の歪みとなる。例えば，NTSC信号のスペクトル構造は図8.1のようになっているので，信号帯域である4.2 MHzの2倍以上にする必要がある。実際には，14.3 MHz（4×3.58 MHz）でNTSC信号を標本化することで折返しが発生しないようにしている。

被写体を撮影するときや，すでにある画像を再標本化して小さなサイズの画像を作るときも，同様の問題を生じる。すなわち，$M×N$画素で標本化する

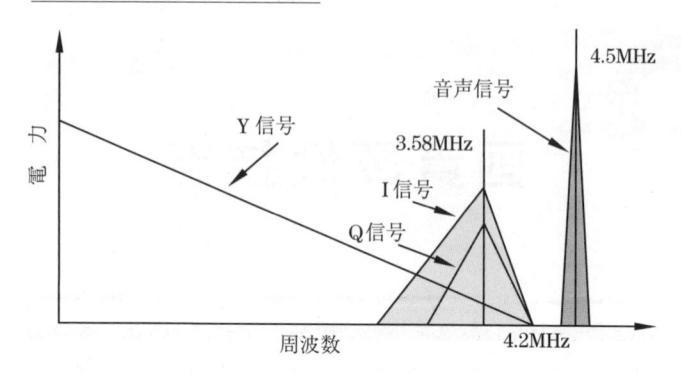

図 8.1　NTSC 信号のスペクトル構造

際には水平方向に $(M/2)$ 周期以上の空間周波数をもつ縦縞があるとモアレが生じるし，垂直方向に $(N/2)$ 周期以上の空間周波数をもつ横縞があるとモアレを生じる。これを防ぐには，$(2M \times 2N)$ 画素でオーバーサンプルした上で，2 次元空間周波数領域で次式のような 8 近傍の画素を用いるフィルタリングを行い，標本化定理を満たすようにしてから $M \times N$ 点で再標本化する。

$$\begin{aligned}p'(m,n) = &\alpha p(m,n) \\&+ \beta \{p(m,n-1)+p(m-1,n)+p(m+1,n)+p(m,n+1)\} \\&+ \gamma \{p(m-1,n-1)+p(m+1,n-1)+p(m-1,n+1) \\&\quad +p(m+1,n+1)\}\end{aligned} \tag{8.1}$$

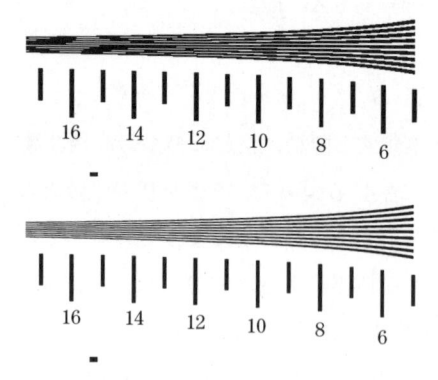

図 8.2　単純な再標本化でモアレが出た画像(上)とフィルタリング後再標本化でモアレが出ていない画像(下)

ここで，$p'(m,n)$はフィルタリング後の画素値，$p(i,j)$は位置(i,j)のフィルタリング前の画素値，α, β, γは定数である。

図 8.2 に，フィルタリングしないで再標本化したテストパターンの一部と，フィルタリングしてから再標本化したテストパターンの一部を比較した結果を示す。これらの結果から，フィルタリングによって高い 2 次元空間周波数成分が削除され，高解像度が必要な部分は灰色になってしまっているが，モアレは生じていないことがわかる。

8.1.2 アパーチャ効果

アナログ信号を標本化する場合に，きわめて短い時間であるが平均化された信号が標本化される。図 8.3 のように，この時間幅が十分狭い場合には画像にボケを与えるほどの帯域制限はかからないが，無視できない時間幅τになると，$1/(2\tau)$が遮断周波数となるような帯域制限がかかり，画像にボケが生じる。このことをアパーチャ効果と呼ぶ。

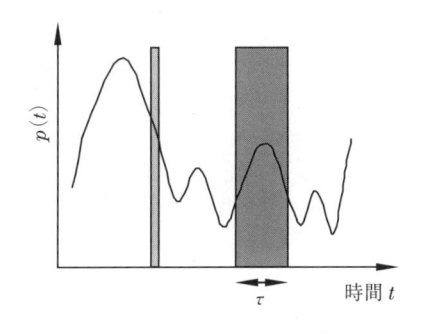

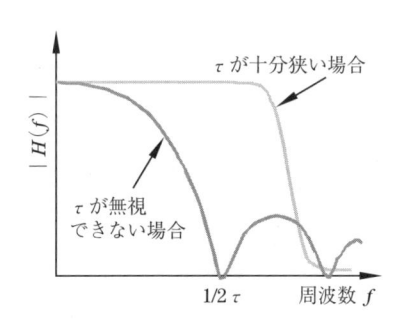

図 8.3 標本化に伴って生じるアパーチャ効果

アパーチャ効果は，アナログ信号の最高周波数が標本化周波数に較べて十分低い場合にはそれほど問題にならないが，標本化周波数の 1/2 であるナイキスト周波数付近まである場合には，大きな影響を与える。一方，アパーチャ効果は低域フィルタリングとみなすこともできるので，積極的に利用すれば，上述した折返し歪みの防止にも役に立つ。つまり，標本化周波数の逆数の 2 倍の時間をτとするというものである。

8.1.3 偽 輪 郭

輝度値が徐々に変化している領域を量子化した場合，量子化幅が大きい場合に本来の画像にはないエッジや輪郭が生じる．これを偽輪郭と呼ぶ．人間が弁別可能な最小明暗差 ΔL は，明るさ L によって左右され，極端に暗いところでなければ，$\Delta L/L = 0.02$ というウェーバー則が成り立つ．また，人間が感じる明るさ B と物体からの明るさ L の間には，次式のようなスチーブンス則があることが知られている．

$$B = a(L - L_0)^b \tag{8.2}$$

ここで，a, b は係数で，L_0 は明るさを感じ始めるしきい値である．

これらの特性から，連続的な明暗再現に必要なビット数は 8.3 bit といわれており，忠実に再現するには 10 bit が目標値として定められている．

図 8.4 は，風船の表面の滑らかな輝度変化が，量子化が粗いことによって階段状となり，偽輪郭が発生している例である．

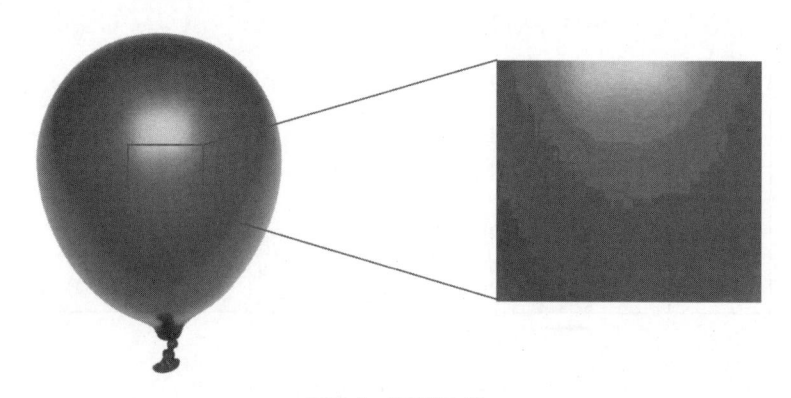

図 8.4 偽輪郭の例

8.1.4 粒 状 雑 音

画像 $p(m, n)$ を量子化幅を Δ で量子化した際に発生する雑音で，$\pm \Delta/2$ の範囲に一様に分布する．ざらつき感のある画像になるためにこのような名前がついた．粒状雑音を少なくするには，量子化幅 Δ を小さくすればよいのであるが，量子化のビット数が固定されている場合には，量子化できる信号範囲を

意味するダイナミックレンジが狭くなり，レンジ外の信号を量子化したときに生じる過負荷雑音が増加する。

図 8.5 は，このことを模式的に表したもので，画像に応じた最適量子化幅 Δ_{opt} が存在することを示している。

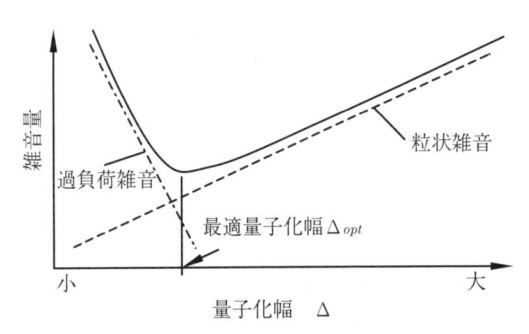

図 8.5 量子化ビット数固定の場合の粒状雑音と過負荷雑音の関係

ダイナミックレンジ内に画像信号 p が存在しているときの量子化雑音電力 N は次式で与えられるので

$$N = \frac{1}{\Delta} \int_{-\Delta/2}^{\Delta/2} p^2 dp = \frac{\Delta^2}{12} \tag{8.3}$$

信号のピーク間電圧をダイナミックレンジと等しくした場合には，信号対雑音比は，次式のようになる。

$$\frac{S_{p-p}}{N_{rms}} = \frac{\Delta \times 2^N}{\sqrt{\Delta^2/12}} = \sqrt{12} \times 2^N \tag{8.4}$$

よって，デシベルで表現するとつぎのようになる。

$$20 \log\left(\frac{S_{p-p}}{N_{rms}}\right) = 10.8 + 6n \quad [\text{dB}] \tag{8.5}$$

8.1.5 勾配過負荷雑音

画像の動きが速い場合など，信号が急激に変化する時に，図 8.6 のように復号画像が追いつかずに発生する雑音である。画面上では，輝度値の変化が大き

178   8. 画質評価技術

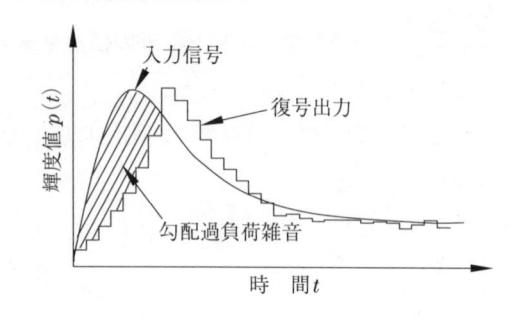

図 8.6 勾配過負荷雑音の発生の様子

いところでぼやけて，解像度低下が起こる．

8.1.6 エッジビジネス

動画像の符号化において，本来変動しない輪郭部分がフレーム周期で小刻みに振動する現象である．MPEG などの動画像符号化方式ではフレームごとに割り当てられる符号量が変化し，その影響を最も受けやすい高周波成分が変化することで輪郭部分の画素が点滅したり，輪郭部分がわずかに変化してちらついて見える．

また，偽輪郭がフレーム間で変動する場合も，エッジビジネスと呼ばれる．

8.1.7 ブロック歪み

JPEG，MPEG など，画像をブロックに分割して符号化する方式では，DCT 変換が採用されており，その係数の量子化時に生じる誤差によって隣接するブロック間の境目で輝度値の不連続が生じる．

主として，DCT 係数の直流成分あるいは低周波成分の量子化誤差が原因である．輝度変化の少ない平坦な部分では偽輪郭も生じるので，知覚されやすい歪みである．

図 8.7 に具体例を示す．

図 8.7　ブロック歪の例

8.1.8　モスキート雑音

　JPEG や MPEG のように，画像をブロックに分割して符号化する場合，DCT 係数の高周波成分がうまく再現できない場合に生じる．高周波成分が多く含まれるエッジ周辺に発生し，背景の輝度値が平坦な場合などには，特に目立つ．動画像ではちょうど蚊が飛んでいるように現れることからこの名前がついている．

　図 8.8 に具体例を示す．

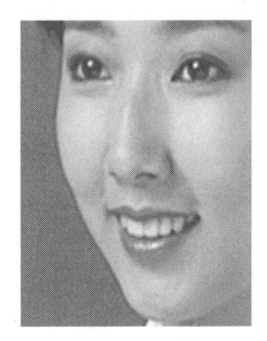

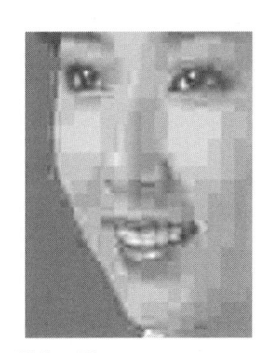

図 8.8　モスキート雑音の例

8.1.9　解像度低下

　画像の符号化の多くは，人間の視覚特性が高い空間周波数成分を感じ取りに

くいことを利用しているために，符号化画像のほとんどはボケを生じている。特に，JPEG 2000 などでは，ブロック歪みが生じない代わりに，エッジ部分や細かい絵柄部分などにボケが現れる。

図 8.9 に JPEG 2000 の符号化によって生じた解像度低下の様子を示す。目の付近，歯の部分，頬の部分がボケていることがわかる。

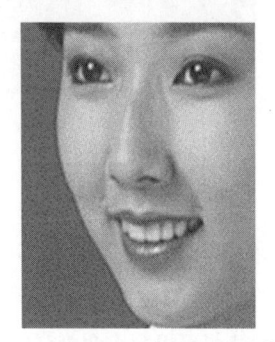

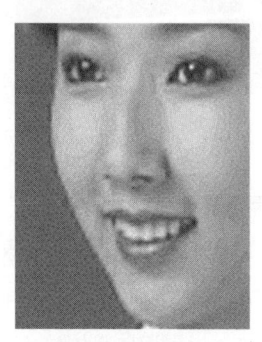

図 8.9　JPEG 2000 の符号化によって生じた解像度低下

8.1.10　ジャーキネス

動画像の符号化で，動きがギクシャクする劣化である。MPEG などで採用されている動き補償が，絵柄の単調性や大きな動きが原因でうまく行えなかった場合などに生じる。

8.1.11　破　　　綻

伝送路のバースト誤りやトラヒックの輻輳によって，画像内に突然ブロックが発生したり，あるブロックから後ろがまったく再生されなかったりする現象である。移動体からの符号化画像を再生しているときやネットワークが混雑しているときなどに発生する。

8.2 客観評価方法

客観評価尺度として最もよく用いられているものに，次式で与えられるPSNR (Peak Signal to Noise Ratio) がある．

$$PSNR = 10 \log_{10} \frac{255^2}{\sum_{m=0}^{M-1}\sum_{n=0}^{N-1}\{p(m,n)-\hat{p}(m,n)\}^2/MN} \tag{8.6}$$

ここで，M：画像の水平方向サイズ，N：画像の垂直方向サイズ，$p(m,n)$：原画像の位置(m,n)の輝度値，$\hat{p}(m,n)$：劣化画像の位置(m,n)の輝度値であり，輝度値が8 bitである場合を前提としている．輝度値が10 bitであれば，分子は$1\,023^2$である．

この尺度は簡単に求められることから用いられるが，人間の視覚特性がまったく考慮されていないことから，つぎのような視覚特性を取り入れることで改善が図られつつある．

① 雑音そのものに対する視覚の空間周波数特性
② 雑音の背景にある絵柄によって生じる視覚のマスキング特性
③ 明るさに応じた視覚の雑音感度
④ 注視点に対する重み付け

8.2.1 視覚の空間周波数特性

視覚の空間周波数特性$H(\mu,\nu)$は，図8.10のように高周波側は指数関数的に低下し，低周波側は直線的に低下する帯域通過特性となることが知られている．同図(a)は実験によって求めたもの，同図(b)はMannos, Nill, Chiprasert, Negan, Kubotaらによって求められたもので，Kubotaを除く4名は次式をもとにこの特性を導出した．

$$H(f) = a(b+cf)\exp(-cf)^d \tag{8.7}$$

ここで，$f=\sqrt{\mu^2+\nu^2}$, a, b, c, dは定数で，図8.10(b)では$a=1.0$,

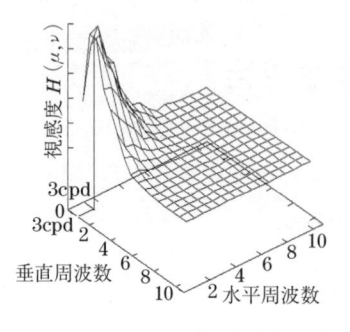

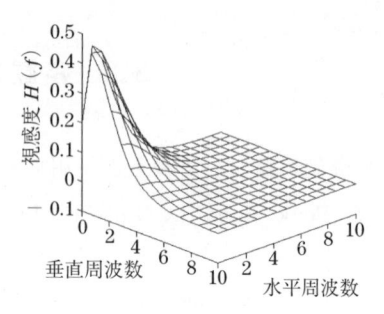

(a) 実験により求めたもの　　　(b) 式(8.7)により求めたもの

図 8.10　視覚の空間周波数特性

$b=0.2$, $c=1.0$, $d=1.0$ である。

したがって，視覚の空間周波数特性を上述した PSNR に含めるのであれば，つぎのように空間周波数領域で雑音に対して重み付けする必要がある。

$$PSNR_H = 10 \log_{10} \frac{255^2}{\sum_{\mu=-M/2}^{M/2-1} \sum_{\nu=-N/2}^{N/2-1} \{P(\mu,\nu) - \hat{p}(\mu,\nu)\}^2 H(\mu,\nu)^2 / MN} \tag{8.8}$$

8.2.2　視覚のマスキング特性

同じ雑音でも背景の絵柄が複雑だと雑音を検知しにくいというマスキング効果が視覚特性にあることが知られている。絵柄の複雑さ C をどのように定量化するかが鍵となるが，DCT 変換で用いるブロックの交流電力やフラクタル次元などの研究報告があり，C が大きくなれば雑音を検知しにくくなることから，次式のようなマスキング関数を PSNR の雑音成分に乗じることである程度 PSNR に反映させることができる。

$$W(C) = \frac{k}{C} \tag{8.9}$$

図 8.11 の下段は，3 種類の画像について 16×16 画素のブロック単位でフラクタル次元を求め，絵柄の複雑さを推定したものである。フラクタル次元が 3 を白，2 を黒で表している。これらの図から，複雑さの指標としてフラクタル

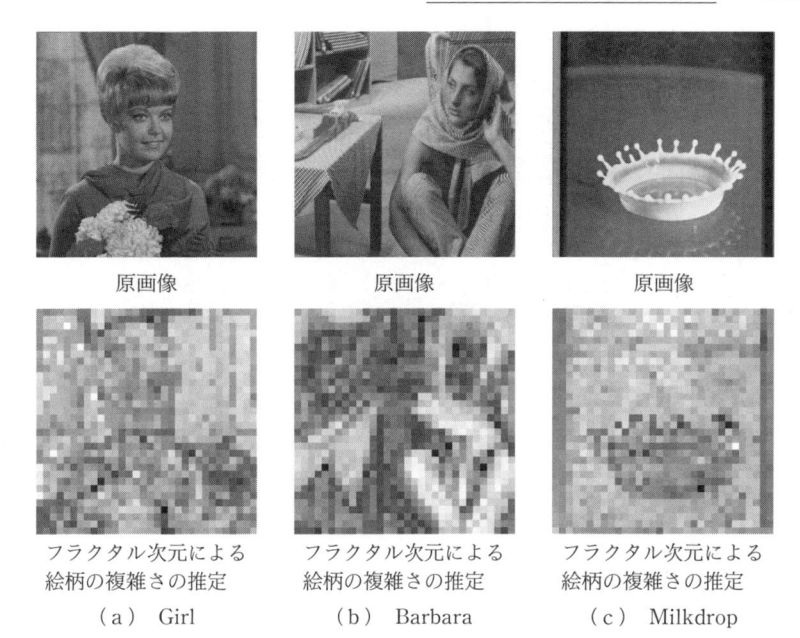

(a) Girl　　　　　　(b) Barbara　　　　　(c) Milkdrop

図 8.11　フラクタル次元によって推定された複雑さ（白いブロックが複雑）

次元を使い，式 (8.9) によりマスキングを行うことで視覚のマスキング特性をある程度模擬することができる。

8.2.3　局所的な明るさに対する視覚特性

背景が明るすぎても暗すぎても雑音を正確に評価できなくなることが知られている。図 8.12 は，ランダム雑音に対する検知限を求めるために用意したパターンで，さまざまな輝度の背景にランダム雑音を加えたものである。

このパターンを用いた実験により局所的な明るさに対する視感度を調べた結果を図 8.13 に示す。

この図から，局所的な領域の平均輝度 B を求め，次式により雑音に対する重み付け関数 $W(B)$ を雑音に乗じることで，明るさに対する視覚特性を PSNR 計算時に含めることができる。

$$W(B) = pB^q \exp(rB) + s \tag{8.10}$$

ここで，p, q, r, s は図 8.13 の特性を与える定数である。

(a) 輝度 41，SNR＝25 dB の画像　　(b) 輝度 170，SNR＝25 dB の画像

図 8.12　ランダム雑音に対する検知限を求めるためのパターン

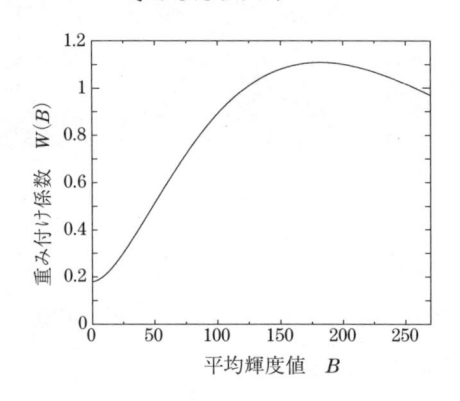

図 8.13　局所的な明るさに対する視感度

8.2.4　注視点に対する重み付け

　画質を評価するとき，人間はどこかを注視している．このことは，動画像では特に顕著に現れる．したがって，注視されにくい部分を雑音計算の対象外とする方法も考えられる．

　図 8.14 の中段の画像は，上段の画像を 10 秒程度提示したときにどこを注視するかをアイカメラを用いて調べ，抽象化したものであるが，特徴を捉えやすい部分，特に顔が注視されやすいことがわかる．下段は，画像の 25％程度を注視すると見なした上で，空間領域上で上述した重み付け値（16×16 画素のブロックごとの $W(C)$ と $W(B)$ の積）が上位 25％となる位置を示したもので，注視領域をよく表していることがわかる．したがって，何らかの手段で注

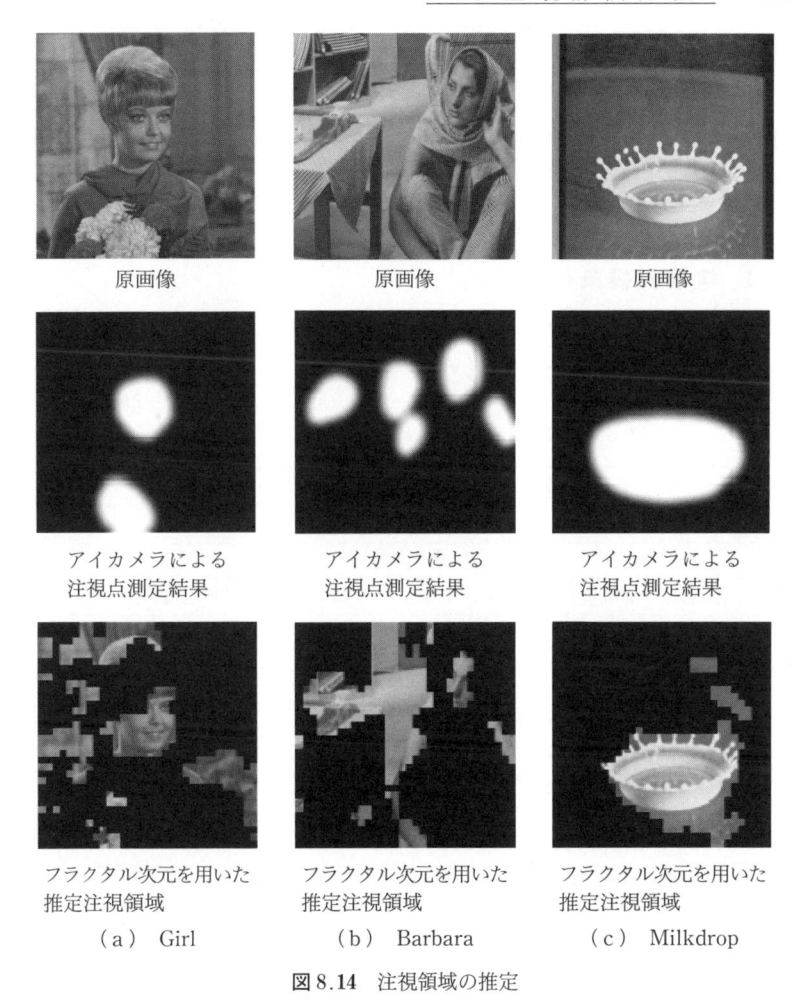

8.3 主観評価方法　　185

| 原画像 | 原画像 | 原画像 |

| アイカメラによる
注視点測定結果 | アイカメラによる
注視点測定結果 | アイカメラによる
注視点測定結果 |

| フラクタル次元を用いた
推定注視領域 | フラクタル次元を用いた
推定注視領域 | フラクタル次元を用いた
推定注視領域 |
| (a) Girl | (b) Barbara | (c) Milkdrop |

図 8.14　注視領域の推定

視領域を推定し，その部分だけの雑音を評価することで主観評価値に近い，客観評価値を得ることができる．

8.3　主観評価方法

主観評価は，文字通り人間が主観的に画像の良い悪いを判断するもので，公正を期すために，ITU-R (International Telecommunication Union-R) と

186　8. 画質評価技術

いう国際機関が観視条件を詳細に決定している。ただし，それらの条件はテレビジョン放送画像を対象にしているため，携帯電話で見る画像から映画館で見る画像までをカバーしているわけではなく，多くの研究機関でより良い評価尺度の検討が行われている。

8.3.1 標準観視条件

標準テレビジョン（SDTV）とハイビジョン（HDTV）の画質評価のための標準観視条件を**表**8.1にまとめる。

表 8.1　ITU-R により定められている標準観視条件

項　目	SDTV	HDTV
視距離	6 H* または 4 H	3 H
画面サイズ	20 インチ以上	55 インチ
画面ピーク輝度	70 cd/m^2	150〜250 cd/m^2
画面非発光部分の輝度	画面ピーク輝度の 0.02 倍以下	
黒レベル輝度(於暗室)	画面ピーク輝度の約 0.01 倍	
モニタ背景の輝度	画面ピーク輝度の約 0.15 倍	
室内照明	低いこと	
モニタ背景の色	D 65	
モニタ背景の範囲	垂直 43°×水平 57°以上	垂直 53°×水平 83°以上
評定者の配置	画面中心から水平±30°以内	

＊　H：画面高

視距離とは表示面から目までの距離で，画面高 H を基準に決められている。これは，画面サイズが変化しても人間の目に入ってくる空間周波数（cpd：cycle per degree）を同じにするためである。また，表示系の画面解像度が規定されていないのは，CRT ディスプレイを前提にしているからである。したがって，液晶やプラズマディスプレイなどに対応した条件の場合には解像度について言及されることになるであろう。

8.3.2 標 準 画 像

ディジタル画像の標準画像としては，モノクロ静止画像，カラー静止画像，

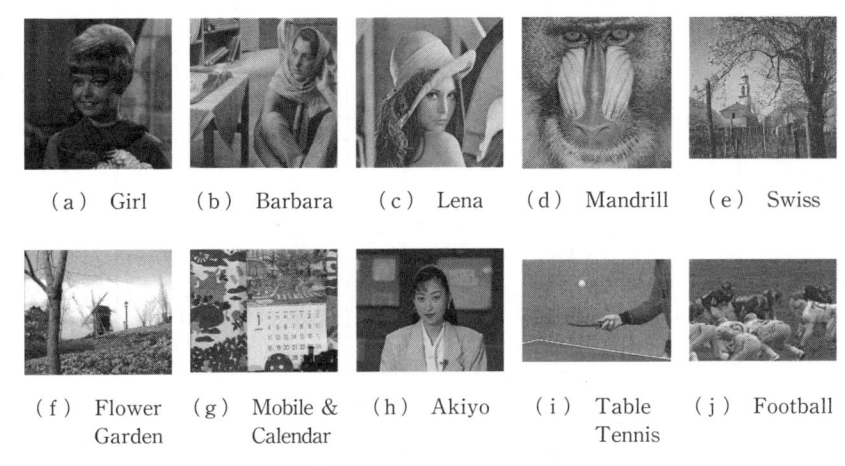

(a) Girl　(b) Barbara　(c) Lena　(d) Mandrill　(e) Swiss

(f) Flower Garden　(g) Mobile & Calendar　(h) Akiyo　(i) Table Tennis　(j) Football

図 8.15　代表的な標準画像

カラー動画像など，用途に応じてさまざまなものが用いられる．図 8.15 に画像評価の研究で用いられる代表的な標準画像を示す．

8.3.3　評 価 方 法

評価目的に応じて，いくつか用意されているが，大きく分けると DSIS 法，DSCQS 法，SSCQE 法の三つになる．

（1）　DSIS 法（Double Stimulus Impairment Scale）

原画像 10 秒，灰色画像 3 秒，評価画像 10 秒の順に表示し，評価記入を 10 秒で行う方法である．評価は，5 段階評価（5：妨害・劣化がわからない，4：妨害・劣化がわかるが気にならない，3：妨害・劣化が気になるが邪魔にならない，2：妨害・劣化が邪魔になる，1：妨害・劣化が非常に邪魔になる）のいずれかの評点を評定者に記入してもらい，専門家で 10 名以上，非専門家で 20 名以上から得られた評点の平均を評価値 MOS（Mean Opinion Score）とするものである．

（2）　DSCQS 法（Double Stimulus Continuous Quality Scale）

原画像または評価画像 10 秒，灰色画像 3 秒，評価画像または原画像 10 秒，評価記入を 10 秒で行う方法である．評価は，図 8.16 のような評価用紙にマー

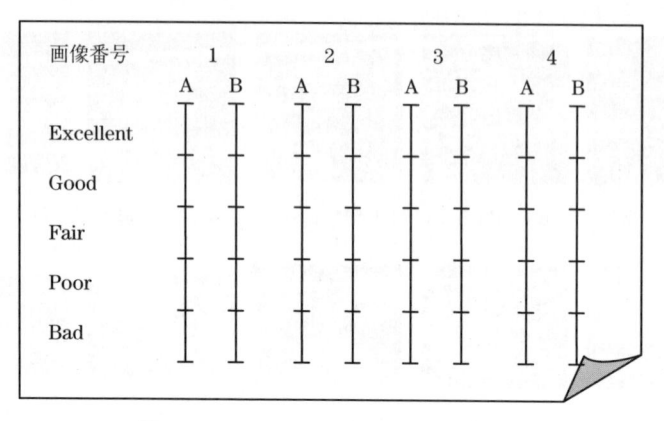

図 8.16 DSCQS 法で用いられる評価用紙

クをつけることで行われる．画像としては，静止画像，動画像いずれも用いられる．図中の A，B は原画像，評価画像のいずれでもよく，すべての組合せについて提示して，評価値を得る方法もある．

（3） SSCQE 法（Single Stimulus Continuous Quality Evaluation）

動画像の評価手法である．30 分～1 時間の種々の場面を含む動画像を継続的に提示し，その時々の印象に応じてスライダを上下させることで画質の経時変化を測定する方法である．提示終了後に評価の高いシーン，中位のシーン，評価の低いシーンを DSCQS 法で再評価し，SSCQE 法で得られた評価を校正する．

8.4 画質評価の標準化

ディジタル放送が実用化され，さまざまな種類のディスプレイや表示サイズで画像が見られるようになった現在，客観的な動画像の画質の評価法の確立は，世界規模で行われる必要に迫られている．

VQEG(Video Quality Experts Group)と呼ばれる組織では，主観評価に合致した客観評価尺度作りに関する活動を行っている．2000 年 3 月に完了した Phase 1 の最終報告書によれば，評価対象を以下の四つに分けて検討している．

8.4 画質評価の標準化

① 50 Hz/high quality：フレーム周波数 50 Hz, 3 Mbps〜50 Mbps
② 50 Hz/low quality：フレーム周波数 50 Hz, 768 kbps〜4.5 Mbps
③ 60 Hz/high quality：フレーム周波数 60 Hz, 3 Mbps〜50 Mbps
④ 60 Hz/low quality：フレーム周波数 60 Hz, 768 kbps〜4.5 Mbps

主観評価は DSCQS 法によって行われ，どの客観評価尺度が優れているかは図 8.17 の手順に従って評価される。

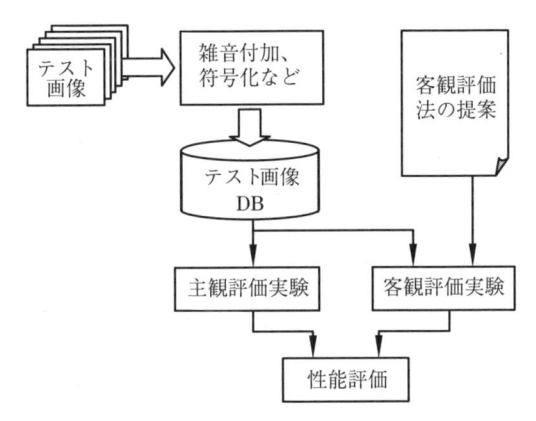

図 8.17 客観評価法の試験手順

主観評価実験に当っては，フォーマット，時空間信号成分，色などが異なる特性のテスト画像が準備される。当然のことであるが，事前のチューンアップを防ぐため，準備されたテスト画像は，客観評価モデルが提案されてから配布された。符号化条件としては，表 8.2 のような 16 通りのものが用いられた。

また，テスト画像シーケンスとしては表 8.3 のような 12 シーケンスが用意された（625/50 と 525/60 が用意されているが，ここでは NTSC に親和性のある 525/60 のシーケンスを示す）。

評価方法としては，DSCQS 法が用いられたが，提示時間はつぎの通りである。

シーケンス A 提示（8 秒）→灰色（2 秒）→シーケンス B 提示（8 秒）→灰色（2 秒）→シーケンス A 再提示（8 秒）→灰色（2 秒）→シーケンス B 再提示（8 秒）→灰色（6 秒）

表 8.2 符号化条件

No	A	B	bitrate	Res	Method	Comments
16	X		1.5 Mbps	CIF	H.263	フルスクリーン
15	X		768 kbps	CIF	H.263	フルスクリーン
14	X		2 Mbps	3/4	mp@ml	垂直方向のみの間引き
13	X		2 Mbps	3/4	sp@ml	
12	X		4.5 Mbps		mp@ml	TBD のエラーあり
11	X		3 Mbps		mp@ml	TBD のエラーあり
10	X		4.5 Mbps		mp@ml	
9	X	X	3 Mbps		mp@ml	
8	X	X	4.5 Mbps		mp@ml	NTSC and/or PAL のコンポジット
7		X	6 Mbps		mp@ml	
6		X	8 Mbps		mp@ml	NTSC and/or PAL のコンポジット
5		X	8 & 4.5 Mbps		mp@ml	二つのコーデックの従属接続
4		X	19/PAL(NTSC)-19/PAL(NTSC)-12 Mbps		422 p@ml	PAL or NTSC の 3 系統
3		X	50-50-…-50 Mbps		422 p@ml	shift / I frame のある第 7 世代
2		X	19-19-12 Mbps		422 p@ml	第 3 世代
1		X	n/a		n/a	ドロップアウトがある Multi-generation Betacam (4 or 5, composite/component)

表 8.3 テスト画像シーケンス (525/60)

No	Sequence	Characteristics	Source
13	Baloon-pops	film, saturated color, movement	CCETT
14	NewYork 2	masking effect, movement	AT & T/CSELT
15	Mobile & Calendar	available in both formats, color, movement	CCETT
16	Betes_pas_betes	color, synthetic, movement, scene cut	CRC/CBC

8.4 画質評価の標準化

表 8.3 テスト画像シーケンス (525/60)(つづき)

No	Sequence	Characteristics	Source
17	Le_point	color, transparency, movement in all the directions	CRC/CBC
18	Autumn_leaves	color, landscape, zooming, water fall movement	CRC/CBC
19	Football	color, movement	CRC/CBC
20	Sailboat	almost still	EBU
21	Susie	skin color	EBU
22	Tempete	color, movement	EBU
23	Table Tennis (training)	Table Tennis (training)	CCETT
24	Flower garden (training)	Flower garden (training)	CCETT/KDD

表 8.4 観視条件

仕　様	規格・数値	
表示系	SONY BVM-2010	
CRT サイズ	482 mm (19-inch)	
解像度 (TV 本)	900 (center, luminance level at 30 fL)	
ドットピッチ	0.3 mm	
蛍光体色 (xy 表色系)	R	0.64, 0.33
	G	0.29, 0.60
	B	0.15, 0.06
〈計測結果〉	〈測定値〉	
画面非発光部分 (室内)	0.14 cd/m^2	
最大輝度値 (暗室, 事前にピークホワイト調整を行い, 黒レベル調整後測定)	586 cd/m^2	
白レベル表示時の輝度値 (暗室)	74 cd/m^2	
黒レベル表示時の輝度値 (暗室)	0 cd/m^2	
モニタの背景輝度 (室内)	9 cd/m^2	
モニタの背景色 (室内)(xy 表色系)	(0.316, 0.355)	

また，NHK で実際に行われた観視条件はつぎの通りである（**表 8.4**）。

なお，室内の明るさは 6〜8 lx であり，照明は 6 500 K となるようにフィルタリングされている。

8.5 主観評価値と客観評価値の対応

主観評価を行うには，専用の評価設備と多くの評価者が必要であるため，主観評価値を推定できる客観評価尺度が求められている。上述した VQEG の活動もこのためのものであり，図 8.17 で示した方法でさまざまな機関から提案された客観評価尺度の評価が行われる。

一般に，ランダム雑音の場合には，PSNR と MOS の間には次式のような関係があり，図示すると図 8.18 のようになる。

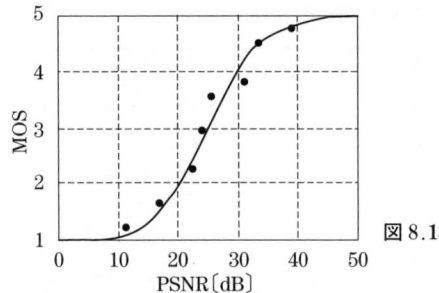

図 8.18 PSNR と MOS の関係

$$MOS = \frac{4}{1+\exp(-\alpha(PSNR-\beta))} + 1 \tag{8.11}$$

ただし，α と β は評価画像によって異なり，図では $\alpha=0.25$，$\beta=25$ とした場合である。

実際には，画像の依存性のほかに，雑音の種類にも影響され，図 8.18 のように近似曲線と高い相関が出ることは難しい。そのため，8.2 節で示した人間の生理的，心理的特性を考慮する客観評価尺度の開発が急務となっている。

参 考 文 献

1 章
1) 原島　博監修：画像情報圧縮，オーム社（1991）
2) 南　敏・中村　納：画像工学，コロナ社（1990）
3) 吹抜敬彦：画像・メディア工学，コロナ社（2002）
4) 応用物理学会光学懇話会編：色の性質と技術，朝倉書店（1986）
5) 大田　登：色彩工学，東京電機大学出版局（1993）
6) Arun N. Netravali, Barry G. Haskell:Digital Pictures, Plenum Press（1988）
7) 宮川　洋・原島　博・今井秀樹：情報と符号の理論，岩波書店（1985）
8) 樋口龍雄・川又政征：MATLAB対応ディジタル信号処理，昭晃堂（2000）
9) 髙井信勝：MATLAB入門，工学社（2002）

2 章
1) 安田　浩編著：マルチメディア符号化の国際標準，丸善（1991）
2) 安田　浩・藤原　洋共訳：画像符号化技術―DCTとその国際標準，オーム社（1992）
3) ケイワーク：JPEG概念からC++による実装まで，ソフトバンクパブリッシング（1999）
4) 半谷精一郎：ディジタル信号処理―基礎から応用―，コロナ社（2000）
5) 小野定康・鈴木純司：JPEG 2000の技術，オーム社（2003）
6) 福原隆浩・板倉英三郎：JPEG 2000 詳細解説，CQ出版社（2004）
7) David S. Taubman, Michael W. Marcellin: JPEG 2000, Kluwer Academic Publishers（2002）
8) Tinku Acharya, Ping-Sing Tsai: JPEG 2000 Standard for Image Compression, John Wiley & Sons（2005）
9) ISO/IEC FDIS 15444-1

3 章
1) SMPTEディジタル規格集1改訂版，兼六館出版（2005）
2) SMPTEディジタル規格集2　HDTV，兼六館出版（2004）
3) ジョン・ワトキンソン(川口惠敏訳)：技術者のための動き補償入門，兼六館出版（2000）
4) 森田敏夫・伊藤清次監修：テレビ番組の製作技術，兼六館出版（1998）

5) 吹抜敬彦：画像・メディア工学，コロナ社（2004）
6) 山田　宰監修，映像情報メディア学会編：デジタル放送ハンドブック，オーム社（2003）
7) 和久井孝太郎監修，映像情報メディア学会編：テレビジョンカメラの設計技術，コロナ社（1999）

4 章
1) ISO/IEC-11172-part 2　（MPEG-1）（1993）
2) ISO/IEC-13818-part 2　（MPEG-2）（1994）
3) 安田　浩編著：MPEG/マルチメディア符号化の国際標準，丸善（1994）

5 章
1) ISO/IEC-14496-part 2　（MPEG-4）（2000）
2) 大久保栄監修：H.323/MPEG 4 教科書，IE Institute（2001）

6 章
1) ISO/IEC-14496-part 10　（MPEG-4 AVC）（2003）
2) SMPTE 421 M　（VC-1）（2005）
3) 大久保栄監修：H.264/AVC 教科書，インプレス（2004）

7 章
1) 伊藤　晋：画像情報処理の基礎，東京理科大学出版局（1986）
2) 小野文孝・渡辺裕：国際標準画像符号化の基礎技術，コロナ社（1998）
3) 原島　博監修，映像情報メディア学会編：先端技術の手ほどきシリーズ　画像情報圧縮，オーム社（1991）

8 章
1) 宮川　洋監修：テレビジョン画像の評価技術，コロナ社（1986）
2) 山本英雄編：ディジタル映像の画質評価，映像会誌，**53**，9，pp.1 184〜1 208(1999)
3) 草山貴由・浜本隆之・半谷精一郎：人間の視覚特性を総合的に考慮したAWSNR の提案，映像会誌，**55**，11，pp.1 443〜1 449(2001)
4) H. R. Sheikh, Z. Wang, L. Cormack and A. C. Bovik, LIVE Image Quality Assessment Database, http://live.ece.utexas.edu/research/quality.
（上記 MPEG 規格文書は http://www.itscj.ipsj.or.jp/sc 29/の ISO　store で，SMPTE 規格文書は http://www.smpte.org/の SMPTE store で購入可能）

演習問題解答

1 章

(1) つぎのような M-file を実行することで 2 次元正弦波パターンを得ることができる。

```
mmax=300;
HF=3;
VF=2;
nu=linspace(1,100,mmax);
B0=0.3;
f=zeros(mmax,mmax);
for i=1:mmax
    for j=1:mmax
        f(i,j)=(0.5+B0*cos(2*pi*VF*nu(i)/100)*cos(2*pi*HF*nu(j)/100));
    end
end
imshow(f);
```

(2) つぎのような M-file で得ることができる。

```
filename='Girl-Y.bmp';      % 画像ファイル
img=imread(filename,'BMP');

fft_img=fft2(double(img));
img_power=fft_img.*conj(fft_img);
img_power_centered=fftshift(img_power);

[u v]=size(img_power);
us=-floor(u/2); ue=floor(u/2)-1;
vs=-floor(v/2); ve=floor(v/2)-1;

mesh(us:ue,vs:ve,log10(img_power_centered));
xlim([us ue]);
ylim([vs ve]);
```

（3）**解図1.1**のようになる。

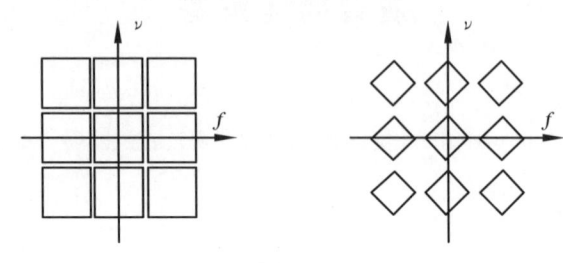

解図1.1

（4） rg平面上では，$r=g=b$と$r+g+b=1$を満たす点であるから，$r=0.333$，$g=0.333$の点になる。よって，**解図1.2**，**解図1.3**のようになる。

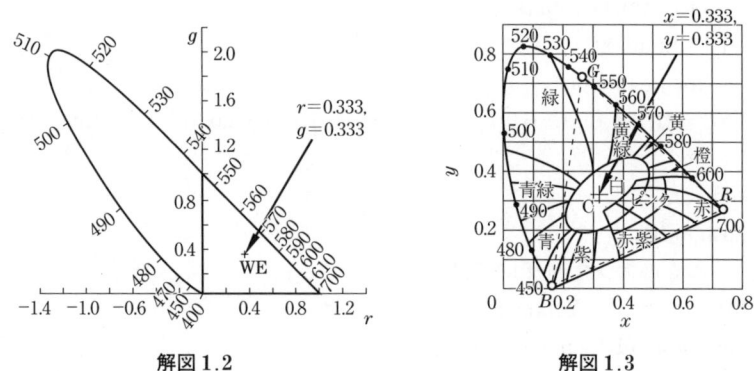

解図1.2

解図1.3

式(1.6)を用いてRGB色空間の座標をXYZ色空間の座標に変換すると，$X=2.825$，$Y=2.825$，$Z=2.825$となる。したがって，xy平面上では$x=0.333$，$y=0.333$の点になる。

（5） ① 式(1.9)より，平均情報量は

$$E = 0.08 \times \log_2 \frac{1}{0.08} + 0.19 \times \log_2 \frac{1}{0.19} + 0.11 \times \log_2 \frac{1}{0.11} + 0.12 \times \log_2 \frac{1}{0.12}$$
$$+ 0.23 \times \log_2 \frac{1}{0.23} + 0.16 \times \log_2 \frac{1}{0.16} + 0.08 \times \log_2 \frac{1}{0.08} + 0.03 \times \log_2 \frac{1}{0.03}$$
$$= 2.818 \text{ bit}$$

② 解図1.4のようになる。

グループ番号	発生確率	ハフマン符号化	可変長符号
4	0.23		00
1	0.19		10
5	0.16		010
3	0.12		110
2	0.11		111
0	0.08		0110
6	0.08		01110
7	0.03		01111

解図1.4

2 章

（1）つぎのようなM-fileを実行することで2次元自己相関を得ることができる。

```
filename='Girl-Y.bmp';     % 入力ファイル名（グレイスケール）
inputImg=double(imread(filename));
iImg=inputImg(:,:,1);
[M,N]=size(iImg);

acrr=zeros(M*2,N*2);
for v=-(N-1):N-1
    if(v<0)
        bgnN=-v;
        endN=N;
    else
        bgnN=0;
        endN=N-v;
    end

    for u=-(M-1):M-1
        if(u<0)
            bgnM=-u;
            endM=M;
        else
            bgnM=0;
```

```
            endM=M-u;
        end

        tmp=0;
        for n=bgnN:endN-1
            for m=bgnM:endM-1
                tmp=tmp + iImg(n+1,m+1,1)* iImg(n+v+1,m+u+1,1);
            end
        end
        acrr(u+N+1,v+M+1)=tmp / (N*M);
    end
end
% 最大値で正規化
acrr2=acrr' / max(max(acrr));

% 画像表示
image(acrr2,'CDataMapping','Scaled');
colormap(gray);
```

（2） つぎのような M-file を実行することで RGB の成分分布を得ることができる。また，xc,az,el を変更することで任意の視点からの投影を得ることができる。

```
filename='Girl.bmp';      % ファイル名
d=imread(filename,'BMP');
rr=d(:,:,1);
gg=d(:,:,2);
bb=d(:,:,3);
rows=size(rr,2);
rrd=[];
ggd=[];
bbd=[];
for i=1:rows
    rrd=[rrd,rr(i,:)];
    ggd=[ggd,gg(i,:)];
    bbd=[bbd,bb(i,:)];
end
```

```
figure('Name','RGB Distribution');
plot3(rrd,ggd,bbd,'.');
xlabel('r');
ylabel('g');
zlabel('b');
grid on;

%%%%%%%任意の方向から表示 %%%%%%%
figure;
xc=[0,0,0];        % 視点
phi=0;
az=-45;            % 方位角
el=-45;            % 仰角

a=viewmtx(az,el,phi,xc);        % 視点変換行列
[m,n]=size(rrd);

rgb4d=[rrd(:),ggd(:),bbd(:),ones(m*n,1)]';
rgb2d=a*double(rgb4d);
x2=zeros(m,n);
y2=zeros(m,n);
x2(:)=rgb2d(1,:);
y2(:)=rgb2d(2,:);

plot(x2,y2,'.');
grid on;
```

（3） つぎのような M-file を実行することで $M \times M$ 画素の DCT 係数を得ることができる。

```
M=8;               % 8×8 画素
p=zeros(M,M);      % DCT 係数
img=;              % 任意の M×M 画素値(8 bit)を持つ行列


for u=1:M
    for v=1:M
```

```
            if u==1
                cu=1/sqrt(2);
            else
                cu=1;
            end

            if v==1
                cv=1/sqrt(2);
            else
                cv=1;
            end

            pp=0;
            for i=1:M
                for j=1:M
                    pp=pp + img(i,j) * cos(((2*(i-1)+1)*(u-1)*pi)/16) * cos(((2*(j-1)+1)*(v-1)*pi)/16);
                end
            end
            p(u,v)=0.25 * cu * cv * pp;
        end
    end
```

(4) 解表 2.1 のようになる。

解表 2.1

係 数	10	13	18	50	35	29	29	30	100	100
差 分		3	5	32	-15	-6	0	1	70	0
グループ		2	3	6	4	3	0	1	7	0
bit 数		6	7	10	8	7	4	5	11	4

以上より,必要な bit 数は $6+7+10+8+7+4+5+11+4=62$ bit

(5)

$C_{4,0}$, $C_{4,0}$, $C_{4,0}$, $C_{4,0}$, $C_{4,0}$, $C_{4,0}$, $C_{4,0}$, $C_{4,0}$, $C_{1,0}$, $C_{4,0}$, $C_{3,0}$, $C_{3,0}$, $C_{3,0}$,
$C_{2,0}$, $C_{3,0}$, $C_{3,0}$, $C_{3,0}$, $C_{3,0}$, $C_{2,0}$, $C_{2,1}$, $C_{2,0}$, $C_{3,0}$, $C_{2,0}$, $C_{2,0}$, $C_{1,0}$, $C_{1,0}$, $C_{1,1}$,
$C_{2,0}$, $C_{2,0}$, $C_{1,0}$, $C_{1,0}$, $C_{1,0}$, $C_{1,0}$, $C_{1,0}$, $C_{1,0}$, $C_{1,0}$, $C_{1,1}$, $C_{1,0}$, $C_{1,0}$, $C_{1,0}$, $C_{1,3}$,
$C_{1,0}$, $C_{1,0}$, $C_{1,2}$, $C_{1,1}$, $C_{1,0}$, $C_{1,4}$, $C_{0,2}$,

(6) 解図2.1のようになる。

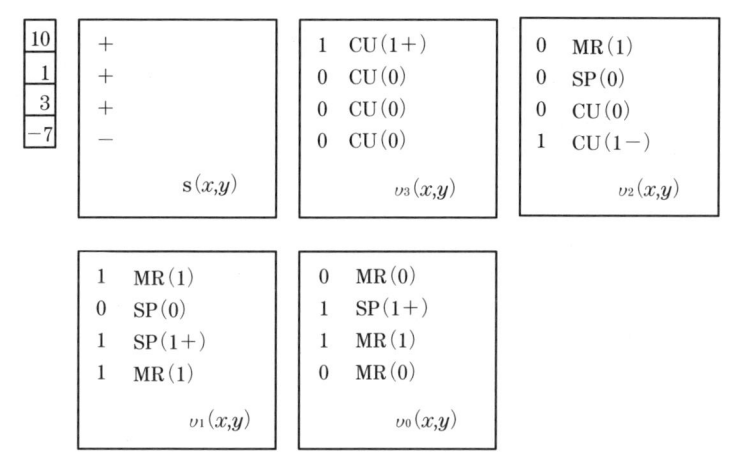

10	+
1	+
3	+
−7	−

s(x,y)

1	CU(1+)
0	CU(0)
0	CU(0)
0	CU(0)

$v_3(x,y)$

0	MR(1)
0	SP(0)
0	CU(0)
1	CU(1−)

$v_2(x,y)$

1	MR(1)
0	SP(0)
1	SP(1+)
1	MR(1)

$v_1(x,y)$

0	MR(0)
1	SP(1+)
1	MR(1)
0	MR(0)

$v_0(x,y)$

解図2.1

3 章

(1) 水平同期周波数は1秒間の走査線数なので，1秒間のフィールド数×1フィールドの走査線数である。NTSC信号においてフィールドレートは59.94であり，フィールド走査線数はフレーム走査線数の半分なので，525/2となる。これらから 59.96×525/2=15.74 kHz となる。

(2) 総画素レートは，水平総画素数×総ライン数×フィールド周波数×1/2（インターレース走査）なので，2 200×1 125×59.94×1/2=74.175 MSample/s となる。同様に有効画素レートは，水平有効総画素数×有効ライン数×フィールド周波数×1/2（インターレース走査）なので，1 920×1 080×59.94×1/2=62.146 MSample/s となる。

(3) 720p から 1080i への変換項目は，走査構造（プログレッシブ→インターレース），水平総画素数（1 650 → 2 200=3：4），総ライン数（750 → 1 125=2：3），水平有効画素数（1 280 → 1 920=2：3），有効ライン数（720 → 1 080=2：3）である。なお 720p の総画素レートは 1080i と同一である。

(4) 4：2：0 の 480i 信号の1フレームは，Y が 720×480 画素，C_b，C_r がそれぞれ 360×240 画素である。ブロック数は，フレーム内画素数をブロック内画素数で割ればよいので，Y が 720/8×480/8=90×60=5 400，C_b，C_r がそれぞれ 360/8×240/8=45×30=1 350 であり，合計 5 400+1 350+1 350=8 100 ブロックとなる。

4 章

（1） MPEG-2 Video の正式な規格番号は ISO/IEC-13818 Part.2 である。MPEG-2 の Video，Audio，System はそれぞれ独立して使用しても，一部を他の規格に入れ替えても良い。

（2） Simple Profile に対し Main Profile では，B-picture が存在する。Main Profile に対し High Profile では，SNR-scalable，Spatial-scalable，4：2：2 対応が存在する。

（3） 各 Picture タイプはフレーム単位で設定され，Field picture では Top field と Bottom field の組は同じタイプである必要がある。例外として，I-picture のつぎは P-picture でも良い。各フレームがどの Picture タイプとなるかは任意であり，どのような形態も許される。

（4） Picture layer で Frame picture，Field picture があり，Macroblock layer で，画像間予測において Frame based と Field based の切替，DCT される予測残差のライン並べ替えにより Frame DCT と Field DCT がある。

（5） 量子化については規定がなくエンコーダの裁量となる。逆量子化は
$F''[v][u] = \{(2\,QF[v][u]+k) \times W[v][u] \times quantizer\_scale\}/32$
Intra　　　　$k=0$
Non Intra　　$k=QF[v][u]$ の符号（-1，$+1$）
となる。

（6） DCT 係数は，量子化前が 12 ビットであり，エスケープ（ESC）の場合の符号長は 24 ビットとなる。元の画像信号は 8 ビットなので，DCT 変換で 1.5 倍に増えており，エスケープの場合は元の 3 倍のビット数となる。

5 章

（1） MPEG-4 Simple はデコーダ処理が軽いのでモバイル向けである。Core は B-picture が入るので効率が上がりネットなどで使え，Main はインターレース対応となるので放送など汎用で使えるが，いずれも Shape の応用は不明確である。Advanced Simple は効率が高いが，より高能率な AVC（H.264）と比較して，使用意義が少ない。

（2） 画像端 MV 処理（Unrestricted MV），MV 予測方法などが異なり，4 MV（8×8 MC）がある。4 MV は MV 情報量とのバランスが最適化されれば，予測残差が削減され効果が高い。Unrestricted MV や MV 予測変更は，改善対象が限定されるので，総合的に大幅な効率改善を与えるものではない。

（3） 追加されたのは B-picture，GMC，Quarter Pel である。B-picture の有効性は，MPEG-2 や他の Profile でも実証済みである。Quarter Pel は基本的に有

効であるが，MPEG-4 のものはフィルタの周波数特性に問題がある。GMC は，特殊なシーンで効果があるが，広く効率改善には役立つとは言い難い。
(4) MPEG-2 4：2：2 Profile は bit 精度が 8 bit でしかなく，10 bit が必須となる放送機材では無理がある。MPEG-4 Studio Profile は 10 bit 以上も可能で，α プレーン（クロマキー）も使えるので，放送機材としてほぼ十分な機能を有している。B-picture がないのは，フレーム間の均質性について考慮した結果と思われる。

6 章

(1) MPEG-4 AVC の Profile は，単純なオニオン構造でなく，Extended は Baseline のすべてを含むが，Main は Baseline のすべてを含まない。Baseline は，処理が軽く低レートでのモバイル応用，Main はエラー対応がなくパッケージメディア向け，Extended はエラー対応やストリームスイッチが強化されているので，ネット向けといえる。
(2) 4 次 DCT は 16 個の値を乗ずるが，その値はつぎの 3 種類だけである。0.5 は，両方式とも 0.5 で誤差はない。$\{\cos(1/4)\pi\}/\sqrt{2}$（$=0.653$）は，AVC が $2/\sqrt{10}$（$=0.633$），VC-1 が 11/17（$=0.647$）で，VC-1 はきわめて近い値になっている。$\{\cos(3/4)\pi\}/\sqrt{2}$（$=0.271$）は，AVC が $1/\sqrt{10}$（$=0.316$），VC-1 が 5/17（$=0.294$）で，AVC はかなり異なる。なお，この差は DCT との違いであり，逆変換との間で誤差は生じない。
(3) 違いを**解表 6.1** にまとめる。MPEG-2 を基準に見ると，MPEG-4 は Field picture がなく，Field Macroblock で 8×8 MC（4 MV）が使えないなど制約が多い。VC-9 は MPEG-2 と同等であり，AVC は 2 Macroblock を束ねることで，Field Macroblock でもプログレッシブと同じ処理が可能になる。
(4) SP は，異なったストリームの画像間で予測を行ったもので，SP の予測関係を介してストリームの入替ができる。SI は，通常は使わない I-picture とみなせ，SI から新ストリームに変更できる。SP は予測なので，両ストリームの画像

解表 6.1 インターレース対応の比較

方 式	MPEG-2	MPEG-4	AVC(H.264)	VC-1
Profile	Main	Main	Main	Advanced
Picture	Fr/Fi	Fr	Fr/Fi	Fr/Fi
Fr/Fi-MB	1	1	2	1
最小 Fi-MC	16×8	16×8	4×4	8×8

Fr：Frame，Fi：Field

が類似する場合に有効といえるが，SIは画像内容が異なっても設定できる。

7 章

（1） Pictureタイプ（I/P/B）により画像間予測や量子化設定が違い，発生符号量が大きく異なるためである。量子化と発生符号量を観測し，Pictureタイプごとに適切な量子化バランスとなるような目標符号量を設定する。

（2） PictureはI/P/B，Frame/Fieldともにまったく自由である。エンコーダではP-pictureの間のB-pictureを，画像として保持しておく必要がある。Frame/Fieldを切り替える場合は，画像メモリの構造を共用にしておく必要がある。

（3） 通常のビットストリームの場合，最初のB-pictureは予測できなくなるので廃棄される。また，VBVが非連続となるのでブランクフレームを挿入して，VBVの整合性を取る。フレーム欠落やブランクをなくすためには編集点付近のGOPを再符号化する。

（4） スロー再生において，順方向の場合は通常の読取り復号化を間欠で行うことになる。逆方向の場合は逆転再生と同様の読取り復号化処理が必要となるが，時間的に容易となる。ただしGOP最初のB-pictureは欠落する。

（5） MPEG-2 SPとMPEG-4 SPでは，画像端MVの扱い，Dual'の有無，4 MV（8×8）の有無，MV予測方法，さらに各種VLCが異なり，MV情報のみを活用しながら再符号化するのが適当となる。

索引

【あ】

明るさ	183
アクティビティ	73, 157
アダマール変換	130
アップサンプリング	43
アパーチャ効果	175

【い】

インターリーブ	26
インターレース走査	6, 48, 95, 146, 165
インターレース走査対応	108
インデックス情報	41

【う】

ウェーバー則	176
ウェーブレット変換	28, 31
動き推定	71
動きベクトル	69, 72, 101
動きベクトル検出	155
動き補償	69
動き補償DCT	124

【え】

エッジビジネス	178

【お】

オーバーサンプル	174
折返し歪み	173

【か】

解像度低下	180
可逆コンポーネント変換	29
可逆符号化	18
可逆変換	33, 44
画質評価	186
画像アスペクト比	61, 66
過負荷雑音	177
加法混色	8
カラーマトリクス	61

【き】

偽輪郭	176

【く】

空間周波数	4
空間周波数特性	181
グループ番号	26

【け】

減法混色	8

【こ】

光電変換	2
勾配過負荷雑音	177
交流成分	22, 25
コードブロック	35
コンテクストベクトル	36
コンポーネント信号	50, 59
コンポーネント変換	29
コンポジット信号	50

【さ】

サブサンプル	72
サブバンド符号化	31
サブバンド分解	32
3次元フーリエ変換	7
算術符号化	40

【し】

視覚	181
色差信号	11
時空間周波数	6
自己相関関数	17
ジャーキネス	180
主観評価	185
情報量	11

【す】

スケーラブル	71
スチーブンス則	176

【た】

ダイナミックレンジ	177
タイリング	30
ダウンサンプリング	33

【ち】

注視点	184
直流成分	22, 24

【て】

適応量子化	157
デッドゾーン	120, 130
テレシネ	52
電光変換	2

【な】

ナイキスト周波数	175

【に】

2次元離散フーリエ逆変換	5
2次元離散フーリエ変換	4

【の】

ノンインターリーブ	27

【は】

破　綻	180
ハフマン符号化	14, 24

【ひ】

非可逆コンポーネント変換	30
非可逆符号化	18
非可逆変換	33, 44
ビットプレーン	35
標準画像	186

【ふ】

フェードチェンジ	134
付加ビット	26

【へ】

符号化パス	36
プログレッシブ走査	6, 46, 65, 77, 103, 146
ブロック歪み	160, 178
ブロックマッチング	71

平均情報量	11, 14

【ほ】

ボ　ケ	180

【ま】

マスキング特性	182
間引き	33

【む】

無効係数	25

【も】

モアレ	173
モスキート雑音	179
モスキートノイズ	160

【ゆ】

有効係数	25

【ら】

ランレングス情報	26

【り】

リサンプリング	62
粒状雑音	176
量子化雑音電力	177
量子化スケール	97
量子化テーブル	23
量子化マトリクス	96, 103, 112, 158

【A】

AC/DC Prediction	110
Advanced Profile	137, 140, 142

【B】

Baseline	123
Block	85
Bottom Field	134
B-picture	89
BT.601	56, 108

【C】

CABAC	135
CAVLC	131
C_b	11, 23, 29, 74
CBP	113
CIF	3
Closed GOP	89, 160
Core Profile	107
C_r	11, 23, 29, 74
CU パス	36, 39

【D】

D 1	56
D 2	56
D 3	57
D 4	57
Data Partitioning	114, 136
DCT	18, 68, 95, 120, 157
DCT 係数	21
DC オフセット	29
DC レベルシフト	29
de-blocking Filter	128
direct mode	115, 133
DLP	55
DSCQS 法	187
DSIS 法	187
Dual-Prime	94
DV	60, 76
DVC	60
DVI-D	47

【E】

EBCOT	35
EOB	100, 113
Error Resilient	114

索引

【F】
Field picture　89, 94, 155
Frame picture　89, 93, 155

【G】
Global MC　108, 118
GOP　147, 160
GOP Layer　86
Gray Shape　117

【H】
HDMI　57
HDTV　3, 46, 81, 105, 186
High Level　82
HVC　60

【I】
IDCT　95
Inter　120
Intra　120
I-picture　88
ISO/IEC　74, 79, 122
ITU　74, 105, 122

【J】
JPEG　18, 20
JPEG-LS　20
JPEG 2000　20, 28

【L】
Level　81
Loop Filter　124, 128, 142
Low Level　82
LPS　41

【M】
Macroblock　85
Main Level　82
Main Profile　81, 101
MCU　26
MOS　187, 192
Motion-JPEG　60, 76
Motion-JPEG 2000　77
MPEG　105
MPS　41
MR パス　36, 38
Multi-View Profile　101

【N】
NTSC　46

【P】
PAL　46
Pan & Scan　66
Picture　134
Picture タイプ　88
Picture Layer　87
P-picture　88
Profile　81
PSNR　181

【Q】
QCIF　3
Quarter Pel　108, 117

【R】
Resync Marker　114
Reversible VLC　114
RGB　23
RGB 色空間　8
rg 色度図　8
ROI　43
ROI マスク　43
Run　99

【S】
Scalable　81
Scan　99, 113, 131, 140
SDI　168
SDTV　3, 46, 81, 145, 186
SECAM　46
Sequence Layer　85
SIF　3
Simple Profile　81, 101, 138
Skip Macroblock　115
Slice　84
Slice Layer　87
SMPTE　56, 60, 136
SNR　81
SNR Scalable　101
Spatial　18, 81
Spatial Scalable　101
SP パス　36, 37
SSCQE 法　188
Studio Profile　60, 119
S-Video　50
SXGA　3

【T】
Test Model　148
Top Field　134
Trans-coding　167

【U】
Unrestricted MV　110, 111

【V】
VBV　144, 150, 161
VGA　3, 47
VISTA　52
VLC　98
VQEG　188

【X】
XVGA　3
xy 色度図　9

【Y】

Y	11, 23, 29, 74
YIQ	11

【Z】

Zigzag Scan	25, 113

1080i	46
2：3 pull down	53, 66
24p	56
2パス	151
30p	48
4：1：1	170
4：2：0	58, 171
4：2：2	58, 81, 103, 122
4：4：4	77, 120
4：2：2 Profile	101
480i	46
480p	46
5/3可逆ウェーブレット変換	29
50i	56
5段階評価	187
576i	46
60i	48
60p	48
720p	46
9/7非可逆ウェーブレット変換	30

―― 著者略歴 ――

半谷精一郎(はんがい　せいいちろう)
1975年　東京理科大学工学部電気工学科卒業
1981年　東京理科大学大学院博士課程修了（電気工学専攻）
　　　　工学博士
1981年　東京理科大学助手
1987年　東京理科大学講師
1991年　東京理科大学助教授
1996年　スタンフォード大学客員研究員（1年間）
2001年　東京理科大学教授
　　　　現在に至る

杉山　賢二(すぎやま　けんじ)
1983年　東京理科大学工学部電気工学科卒業
1985年　東京理科大学大学院修士課程修了（電気工学専攻）
1985年　日本ビクター株式会社勤務
2001年　博士（工学）（東京理科大学）
2004年　成蹊大学教授
　　　　現在に至る

JPEG・MPEG 完全理解
A Book on JPEG & MPEG　ⓒ Seiichiro Hangai, Kenji Sugiyama 2005

2005年 9月22日　初版第1刷発行
2010年 6月10日　初版第3刷発行

検印省略

著　者　半　谷　精　一　郎
　　　　杉　山　賢　二
発行者　株式会社　コ ロ ナ 社
　　　　代表者　牛来真也
印刷所　壮光舎印刷株式会社

112-0011　東京都文京区千石 4-46-10
発行所　株式会社　コ ロ ナ 社
CORONA PUBLISHING CO., LTD.
Tokyo Japan
振替 00140-8-14844・電話(03)3941-3131(代)
ホームページ http://www.coronasha.co.jp

ISBN 978-4-339-00778-7　（楠本）　（製本：グリーン）
Printed in Japan

無断複写・転載を禁ずる
落丁・乱丁本はお取替えいたします

電子情報通信レクチャーシリーズ

■(社)電子情報通信学会編　　(各巻B5判)

共　通

	配本順			頁	定価
A-1		電子情報通信と産業	西村吉雄著		
A-2	(第14回)	電子情報通信技術史 —おもに日本を中心としたマイルストーン—	「技術と歴史」研究会編	276	4935円
A-3		情報社会と倫理	辻井重男著		
A-4		メディアと人間	原島　博 北川　高嗣 共著		
A-5	(第6回)	情報リテラシーとプレゼンテーション	青木由直著	216	3570円
A-6		コンピュータと情報処理	村岡洋一著		
A-7	(第19回)	情報通信ネットワーク	水澤純一著	192	3150円
A-8		マイクロエレクトロニクス	亀山充隆著		
A-9		電子物性とデバイス	益田　修一 天川　哉平 共著		

基　礎

B-1		電気電子基礎数学	大石進一著		
B-2		基礎電気回路	篠田庄司著		
B-3		信号とシステム	荒川　薫著		
B-4		確率過程と信号処理	酒井英昭著		
B-5		論理回路	安浦寛人著		
B-6	(第9回)	オートマトン・言語と計算理論	岩間一雄著	186	3150円
B-7		コンピュータプログラミング	富樫　敦著		
B-8		データ構造とアルゴリズム	今井　浩著		
B-9		ネットワーク工学	仙田　正和 石村　裕 共著 中野敬介		
B-10	(第1回)	電磁気学	後藤尚久著	186	3045円
B-11	(第20回)	基礎電子物性工学 —量子力学の基本と応用—	阿部正紀著	154	2835円
B-12	(第4回)	波動解析基礎	小柴正則著	162	2730円
B-13	(第2回)	電磁気計測	岩﨑俊著	182	3045円

基　盤

C-1	(第13回)	情報・符号・暗号の理論	今井秀樹著	220	3675円
C-2		ディジタル信号処理	西原明法著		
C-3		電子回路	関根慶太郎著	近刊	
C-4	(第21回)	数理計画法	山下信雄 福島雅夫 共著	192	3150円
C-5		通信システム工学	三木哲也著		
C-6	(第17回)	インターネット工学	後藤滋樹 外山勝保 共著	162	2940円
C-7	(第3回)	画像・メディア工学	吹抜敬彦著	182	3045円
C-8		音声・言語処理	広瀬啓吉著		
C-9	(第11回)	コンピュータアーキテクチャ	坂井修一著	158	2835円

配本順				頁	定価
C-10		オペレーティングシステム	徳田英幸 著		
C-11		ソフトウェア基礎	外山芳人 著		
C-12		データベース	田中克己 著		
C-13		集積回路設計	浅田邦博 著		
C-14		電子デバイス	和保孝夫 著		
C-15	(第8回)	光・電磁波工学	鹿子嶋憲一 著	200	3465円
C-16		電子物性工学	奥村次徳 著		

展開

D-1		量子情報工学	山崎浩一 著		
D-2		複雑性科学	松本隆 編著		
D-3	(第22回)	非線形理論	香田徹 著	208	3780円
D-4		ソフトコンピューティング	山川尾烈 恵二 共著 堀		
D-5	(第23回)	モバイルコミュニケーション	中大川槻正知雄明 共著	176	3150円
D-6		モバイルコンピューティング	中島達夫 著		
D-7		データ圧縮	谷本正幸 著		
D-8	(第12回)	現代暗号の基礎数理	黒澤馨 尾形わかは 共著	198	3255円
D-9		ソフトウェアエージェント	西田豊明 著		
D-10		ヒューマンインタフェース	西田正吾 加藤博一 共著		
D-11	(第18回)	結像光学の基礎	本田捷夫 著	174	3150円
D-12		コンピュータグラフィックス	山本強 著		
D-13		自然言語処理	松本裕治 著		
D-14	(第5回)	並列分散処理	谷口秀夫 著	148	2415円
D-15		電波システム工学	唐沢好男 著		
D-16		電磁環境工学	徳田正満 著		
D-17	(第16回)	ＶＬＳＩ工学 ―基礎・設計編―	岩田穆 著	182	3255円
D-18	(第10回)	超高速エレクトロニクス	中村友徹 島三義 共著	158	2730円
D-19		量子効果エレクトロニクス	荒川泰彦 著		
D-20		先端光エレクトロニクス	大津元一 著		
D-21		先端マイクロエレクトロニクス	小柳光正 田中徹 共著		
D-22		ゲノム情報処理	高木利久 小池麻子 編著		
D-23	(第24回)	バイオ情報学 ―パーソナルゲノム解析から生体シミュレーションまで―	小長谷明彦 著	172	3150円
D-24	(第7回)	脳工学	武田常広 著	240	3990円
D-25		生体・福祉工学	伊福部達 著		
D-26		医用工学	菊地眞 編著		
D-27	(第15回)	ＶＬＳＩ工学 ―製造プロセス編―	角南英夫 著	204	3465円

定価は本体価格+税5%です。
定価は変更されることがありますのでご了承下さい。

図書目録進呈◆

映像情報メディア基幹技術シリーズ

(各巻A5判)

■(社)映像情報メディア学会編

			頁	定価
1.	音声情報処理	春田正男／船田哲伸／林武一二三 共著	256	3675円
2.	ディジタル映像ネットワーク	羽鳥好律／片山頼明 編著	238	3465円
3.	画像LSIシステム設計技術	榎本忠儀 編著	332	4725円
4.	放送システム	山田宰 編著	326	4620円
5.	三次元画像工学	佐藤甲誠／佐野本直己／橋高邦彦 共著	222	3360円
6.	情報ストレージ技術	沼澤潤二／梅本益雄／奥田治優／喜連川 共著	216	3360円
7.	画像情報符号化	貴家仁俊志／吉田輝之／鈴木明彦／広 共著	256	3675円
8.	画像と視覚情報科学	三橋哲雄／畑田豊彦／矢野澄男 共著	318	5250円

以下続刊

CMOSイメージセンサ　　相澤・浜本編著

高度映像技術シリーズ

(各巻A5判)

■編集委員長　安田靖彦
■編集委員　　岸本登美夫・小宮一三・羽鳥好律

			頁	定価
1.	国際標準画像符号化の基礎技術	小野文孝／渡辺裕 共著	358	5250円
2.	ディジタル放送の技術とサービス	山田宰 編著	310	4410円

以下続刊

高度映像の入出力技術	小宮・廣橋／上平・山口 共著	高度映像の生成・処理技術	佐藤・高橋・安生 共著
高度映像のヒューマンインターフェース	安西・小川・中内 共著	高度映像とネットワーク技術	島村・小寺・中野 共著
高度映像とメディア技術	岸本登美夫他著	高度映像と電子編集技術	小町祐史著
次世代の映像符号化技術	金子・太田共著	次世代映像技術とその応用	

定価は本体価格+税5%です。
定価は変更されることがありますのでご了承下さい。

図書目録進呈◆

ディジタル信号処理ライブラリー

(各巻A5判)

■企画・編集責任者　谷萩隆嗣

配本順			頁	定価
1.（1回）	ディジタル信号処理と基礎理論	谷萩隆嗣著	276	3675円
2.（8回）	ディジタルフィルタと信号処理	谷萩隆嗣著	244	3675円
3.（2回）	音声と画像のディジタル信号処理	谷萩隆嗣編著	264	3780円
4.（7回）	高速アルゴリズムと並列信号処理	谷萩隆嗣編著	268	3990円
5.（9回）	カルマンフィルタと適応信号処理	谷萩隆嗣著	294	4515円
6.（10回）	ARMAシステムとディジタル信号処理	谷萩隆嗣著	238	3780円
7.（3回）	VLSIとディジタル信号処理	谷萩隆嗣編	288	3990円
8.（6回）	情報通信とディジタル信号処理	谷萩隆嗣編著	314	4620円
9.（5回）	ニューラルネットワークとファジィ信号処理	谷萩隆嗣編著 萩原将文 山口亨 共著	236	3465円
10.（4回）	マルチメディアとディジタル信号処理	谷萩隆嗣編著	332	4620円

定価は本体価格＋税5％です。
定価は変更されることがありますのでご了承下さい。

◆図書目録進呈◆

電気・電子系教科書シリーズ

(各巻A5判)

- ■編集委員長　高橋　寛
- ■幹　　　事　湯田幸八
- ■編集委員　江間　敏・竹下鉄夫・多田泰芳
  　　　　　　中澤達夫・西山明彦

配本順		書名	著者	頁	定価
1.	(16回)	電気基礎	柴田尚志・皆藤新一・田藤泰芳 共著	252	3150円
2.	(14回)	電磁気学	多田泰芳・柴田尚志 共著	304	3780円
3.	(21回)	電気回路Ⅰ	柴田尚志 著	248	3150円
4.	(3回)	電気回路Ⅱ	遠藤　勲・鈴木靖郎 共著	208	2730円
6.	(8回)	制御工学	下奥　鎮・西平二 共著	216	2730円
7.	(18回)	ディジタル制御	青木立幸・堀俊 共著	202	2625円
8.	(25回)	ロボット工学	白水俊次 著	240	3150円
9.	(1回)	電子工学基礎	中澤達夫・藤原勝幸 共著	174	2310円
10.	(6回)	半導体工学	渡辺英夫 著	160	2100円
11.	(15回)	電気・電子材料	中澤・押田・森田・藤山・服部 共著	208	2625円
12.	(13回)	電子回路	須田健二・土田英一 共著	238	2940円
13.	(2回)	ディジタル回路	伊原充博・若海弘夫・吉沢昌純・室山　巖 共著	240	2940円
14.	(11回)	情報リテラシー入門	賀下　進 著	176	2310円
15.	(19回)	C++プログラミング入門	湯田幸八 著	256	2940円
16.	(22回)	マイクロコンピュータ制御プログラミング入門	柚賀正光・千代谷慶 共著	244	3150円
17.	(17回)	計算機システム	春日健・舘泉雄治 共著	240	2940円
18.	(10回)	アルゴリズムとデータ構造	湯田幸八・伊原充博 共著	252	3150円
19.	(7回)	電気機器工学	前田　勉・新谷邦弘 共著	222	2835円
20.	(9回)	パワーエレクトロニクス	江間　敏・高橋勲 共著	202	2625円
21.	(12回)	電力工学	江間　敏・甲斐隆章 共著	260	3045円
22.	(5回)	情報理論	三木成彦・吉川英機 共著	216	2730円
24.	(24回)	電波工学	松川豊稔・宮田克正・田部井久 共著	238	2940円
25.	(23回)	情報通信システム(改訂版)	岡田裕史・桑原唯夫 共著	206	2625円
26.	(20回)	高電圧工学	植月唯夫・松原孝史・箕田充志 共著	216	2940円

以下続刊

5. 電気・電子計測工学　西山・吉沢共著　　23. 通信工学　竹下・吉川共著

定価は本体価格+税5%です。
定価は変更されることがありますのでご了承下さい。

図書目録進呈◆